本书由国家重点研发计划“矿井水开发利用潜力评价及风险管控”（2017YFC0403505）
课题经费资助

U1008428

煤矿矿井水利用及风险管控

MEIKUANG KUANGJINGSHUI LIYONG
JI FENGXIAN GUANKONG

倪深海　彭岳津　黄　菊　王亨力◎著

河海大学出版社
HOHAI UNIVERSITY PRESS
·南京·

内容提要

我国煤炭以地下开采为主，为确保煤矿安全生产，必须排出大量的矿井涌水。我国14个大型煤炭基地中有11个煤炭基地位于水资源短缺地区，直接排放矿井涌水既浪费了水资源，又可能污染环境，并且由于矿井涌水量的不稳定性和不同矿区水质及处理工艺的差异，矿井水利用存在一定的风险，迫切需要研究煤矿矿井水利用模式及风险管控对策。本书对我国14个大型煤炭基地的矿井水开发利用现状进行了调研和分析评价，开展了矿井水开发利用潜力评价及风险管控研究，明确了我国未来矿井水利用潜力布局，构建了矿井水利用风险评价指标体系，提出的矿井水利用产业链模式与保障体系可为非常规水资源与常规水资源协同配置提供技术支撑。

本书可供煤矿矿井水利用、非常规水资源配置与管理、水资源利用等领域的科技人员、高等院校师生以及国家相关管理部门参考。

图书在版编目(CIP)数据

煤矿矿井水利用及风险管控/倪深海等著. —南京：河海大学出版社，2021.6

ISBN 978-7-5630-6969-9

Ⅰ.①煤… Ⅱ.①倪… Ⅲ.①煤矿—矿井水—水资源利用—风险管理—研究 Ⅳ.①TD74

中国版本图书馆CIP数据核字(2021)第094851号

书　　名	煤矿矿井水利用及风险管控 MEIKUANG KUANGJINGSHUI LIYONG JI FENGXIAN GUANKONG
书　　号	ISBN 978-7-5630-6969-9
责任编辑	成　微
特约校对	徐梅芝
封面设计	徐娟娟
出版发行	河海大学出版社
地　　址	南京市西康路1号(邮编:210098)
电　　话	(025)83737852(总编室) (025)83722833(营销部) (025)83787769(编辑室)
经　　销	江苏省新华发行集团有限公司
排　　版	南京月叶图文制作有限公司
印　　刷	广东虎彩云印刷有限公司
开　　本	700毫米×1000毫米　1/16
印　　张	9.25
字　　数	165千字
版　　次	2021年6月第1版
印　　次	2021年6月第1次印刷
定　　价	49.80元

前　　言

我国14个大型煤炭基地中有11个位于水资源短缺地区。煤矿开采过程中大量弃水造成水资源浪费，加剧了区域水资源的匮乏，影响区域生态环境及煤炭工业的进一步发展。自国家"十二五"《矿井水利用发展规划》(发改环资〔2013〕118号)颁布实施以来，我国矿井水利用取得重大进展。《国家节水行动方案》(发改环资规〔2019〕695号)对矿井水利用提出更高要求："在缺水地区加强矿井水等非常规水多元、梯级和安全利用，强制推动非常规水纳入水资源统一配置，逐年提高非常规水利用比例，并严格考核。"由于矿井涌水量的不稳定性和不同矿区水质及处理工艺的差异，矿井水资源的利用存在一定的风险。因此，开展矿井水资源开发利用潜力评价及风险管控研究，对实现矿井水资源安全高效利用、减少矿井水排放、节约水资源、有效保护水环境具有重要的现实意义。

本书分七章，第一章介绍了矿井水利用及风险管理研究目标及主要内容。第二章收集整理了全国大型煤炭基地有关资料，分析了全国煤炭基地水资源开发利用前景。第三章厘清了煤矿矿井水资源量、矿井水资源可利用量、矿井水资源综合利用潜力等概念，并提出矿井水资源量、可利用量、综合利用潜力计算方法；研发了适用于多矿井水源、面向供需双侧协调的矿井水开发利用潜力评价技术；提出了矿井水资源利用发展方向和利用重点。第四章按照空间布局，将矿井水利用模式分为矿区内利用模式和矿区外利用模式，其中矿区以外的矿井水利用产业链模式是以市场为导向，以效益为中心，对矿井水实行专业化处理、产业化利用和企业化管理，形成市场牵龙头，龙头带煤矿基地，煤矿基地连矿城的经营方式和园区产业链组织形式。第五章构建了矿井水利用的水量、水质、经济3个子系统以及12个指标的风险评估指标体系，建立了基于AHP-集对分析法矿井水利用风险评估模型；选取冀中煤炭基地的邢邯地区7个矿区作为典型进行验证，结果表明AHP-集对分析法用于矿井水资源利用风险评估具有可行性；提出了煤矿矿井水利用风险管控对策。第六章建立了矿井水开发利用政策、经济、科技和管理保障体系；提出国家应给予政策支持，增加矿井水资源利用的配套措施，制定矿井水资源利用企业的水资源费（税）减免政策，加强矿井水资源利用技术研发、信息服务和经验交流，促进矿井水资源利用的产业发展和技术装备升级，建立健全矿井水资源利用相关标准体系和监督管理体系。第七章结论与展望，期望通过深入研究，提出一套适合我国国情的矿井水开发利用理论技术体系，进一步探索矿井水利用新模式，提出不同煤炭基地、不同水质类型的矿井水利用风险管控策略。

上述研究成果明确了未来我国矿井水利用潜力布局，构建了矿井水利用风险评价指标体系，提出的矿井水利用产业链模式与保障体系可为非常规水资源与常规水资源协同配置提供技术支撑。

本书得到了水利、能源行业专家的指导，受到了国家重点研发计划“矿井水开发利用潜力评价及风险管控”（2017YFC0403505）课题经费资助，河海大学姜翠玲教授对全书进行了审阅并提出了宝贵意见，在此一并表示衷心感谢！

由于作者的理论水平和专业知识有限，书中恐有错漏和不妥之处，恳请各位读者批评指正。

作者

2021年2月23日

前　　言

我国14个大型煤炭基地中有11个位于水资源短缺地区。煤矿开采过程中大量弃水造成水资源浪费，加剧了区域水资源的匮乏，影响区域生态环境及煤炭工业的进一步发展。自国家“十二五”《矿井水利用发展规划》(发改环资〔2013〕118号)颁布实施以来，我国矿井水利用取得重大进展。《国家节水行动方案》(发改环资规〔2019〕695号)对矿井水利用提出更高要求：“在缺水地区加强矿井水等非常规水多元、梯级和安全利用，强制推动非常规水纳入水资源统一配置，逐年提高非常规水利用比例，并严格考核。”由于矿井涌水量的不稳定性和不同矿区水质及处理工艺的差异，矿井水资源的利用存在一定的风险。因此，开展矿井水资源开发利用潜力评价及风险管控研究，对实现矿井水资源安全高效利用、减少矿井水排放、节约水资源、有效保护水环境具有重要的现实意义。

本书分七章，第一章介绍了矿井水利用及风险管理研究目标及主要内容。第二章收集整理了全国大型煤炭基地有关资料，分析了全国煤炭基地水资源开发利用前景。第三章厘清了煤矿矿井水资源量、矿井水资源可利用量、矿井水资源综合利用潜力等概念，并提出矿井水资源量、可利用量、综合利用潜力计算方法；研发了适用于多矿井水源、面向供需双侧协调的矿井水开发利用潜力评价技术；提出了矿井水资源利用发展方向和利用重点。第四章按照空间布局，将矿井水利用模式分为矿区内利用模式和矿区外利用模式，其中矿区以外的矿井水利用产业链模式是以市场为导向，以效益为中心，对矿井水实行专业化处理、产业化利用和企业化管理，形成市场牵龙头，龙头带煤矿基地，煤矿基地连矿城的经营方式和园区产业链组织形式。第五章构建了矿井水利用的水量、水质、经济3个子系统以及12个指标的风险评估指标体系，建立了基于AHP-集对分析法矿井水利用风险评估模型；选取冀中煤炭基地的邢邯地区7个矿区作为典型进行验证，结果表明AHP-集对分析法用于矿井水资源利用风险评估具有可行性;提出了煤矿矿井水利用风险管控对策。第六章建立了矿井水开发利用政策、经济、科技和管理保障体系;提出国家应给予政策支持,增加矿井水资源利用的配套措施,制定矿井水资源利用企业的水资源费(税)减免政策,加强矿井水资源利用技术研发、信息服务和经验交流,促进矿井水资源利用的产业发展和技术装备升级,建立健全矿井水资源利用相关标准体系和监督管理体系。第七章结论与展望,期望通过深入研究,提出一套适合我国国情的矿井水开发利用理论技术体系,进一步探索矿井水利用新模式,提出不同煤炭基地、不同水质类型的矿井水利用风险管控策略。

上述研究成果明确了未来我国矿井水利用潜力布局,构建了矿井水利用风险评价指标体系,提出的矿井水利用产业链模式与保障体系可为非常规水资源与常规水资源协同配置提供技术支撑。

本书得到了水利、能源行业专家的指导,受到了国家重点研发计划“矿井水开发利用潜力评价及风险管控”(2017YFC0403505)课题经费资助,河海大学姜翠玲教授对全书进行了审阅并提出了宝贵意见,在此一并表示衷心感谢!

由于作者的理论水平和专业知识有限,书中恐有错漏和不妥之处,恳请各位读者批评指正。

作者

2021年2月23日

目　　录

第一章　绪　　论

1.1　立项背景及研究意义

我国是矿产资源大国，也是矿业大国，已发现矿产 172 种，探明资源储量的有 162 种。2015 年，全国矿产资源开采大类分为煤炭（约 40 亿 t）、石油（约 2 亿 t）、天然气（约 1 360 亿 m^3）、铁矿石（约 13.8 亿 t）、有色金属（约 0.5 亿 t）、非金属（约 0.16 亿 t）。各类矿产资源开采过程中，石油天然气开采不会产生矿井水，非金属类（主要包括盐、硫、磷等）开采均不会产生矿井水，铁矿石主要以露天开采为主。因此，以井工开采方式为主的煤炭资源的开采是产生矿井水的主要途径。国家发改委和国家能源局联合印发的《矿井水利用发展规划》明确指出，2015 年煤矿矿井水排放量约 71 亿 m^3，占各类矿井水排放总量的 80%以上，全国七成以上矿井水来自缺水和严重缺水地区的大型煤炭基地。

2005 年 6 月，国务院《关于做好建设节约型社会近期重点工作的通知》（国发〔2005〕21 号）中明确提出要推进矿井水资源化利用要求。“十一五”“十二五”规划纲要中也要求积极开展海水淡化、海水直接利用和矿井水利用。中共中央国务院《关于加快推进生态文明建设的意见》（中发〔2015〕12 号）提出，积极开发利用再生水、矿井水、空中云水、海水等非常规水源。国务院《关于印发水污染防治行动计划的通知》（国发〔2015〕17 号）第九条提出，将再生水、雨水和微咸水等非常规水源纳入水资源统一配置。国务院《关于实行最严格水资源管理制度的意见》（国发〔2012〕3 号）提出，鼓励并积极发展污水处理回用、雨水和微咸水开发利用、海水淡化和直接利用等非常规水源开发利用，非常规水源开发利用纳入水资源统一配置。水利部《关于非常规水源纳入水资源统一配置的指导意见》（水资源〔2017〕274 号）中明确要求将非常规水源纳入水资源统一配置，缓解水资源供需矛盾，提高区域水资源配置效率和利用效益。从国家需求和学科发展两个角度，开展矿井水资源开发利用潜力评价及风险管控研究对实现矿井水资源安全高效利用、减少矿井水排放、有效保护水环境具有重要的现实意义。

我国煤炭以地下开采为主，为确保煤矿安全生产，必须排出大量的矿井涌水，直接排放既浪费了水资源，又可能污染环境。“十三五”期间我国规划建设的14个大型煤炭基地，其中有11个位于降雨量400 mm以下的干旱区或降雨量200 mm以下的极度干旱区，矿井水的排放加剧了区域水资源短缺的状况，导致水资源供需矛盾十分尖锐，已影响到煤炭工业的进一步发展。因此，对矿井水进行处理、利用，不仅可增加水资源量，缓解供需矛盾，而且可避免对区域水环境造成污染，又能产生经济效益，促进煤炭工业可持续发展。本书针对煤矿矿井水利用存在的主要问题，以矿井水梯级利用为原则，提出培育和发展矿井水利用产业链模式，以缓解区域水资源供需矛盾，促进煤矿清洁生产，推进生态文明建设。矿井水利用的意义主要表现在以下四个方面：

(1) 有利于节约水资源。对矿井水的综合利用，增加了可利用水源，从而减少常规水资源的使用，节约了相当一部分的水资源。

(2) 有利于减轻环境压力。煤矿排污一直以来都是影响环境的重要因素，有效利用矿井水，能够净化地下水，促进生态系统可持续发展。

(3) 有利于节约排水成本。在我国很多地区，“排污税”政策已经落地实施，煤矿处理利用矿井水，可以降低排水成本，提高收益。

(4) 有利于健康生产生活。对矿井水进行综合治理并加以利用，能够促进矿区的农作物生长和鱼类的繁殖，也能进一步提升当地居民的饮用水质量，为健康生产生活提供更多保障。

1.2 国内外研究进展

1.2.1 矿井水处理技术

矿井水的来源不同，水质不同，我国将矿井水按自身的特征分为五大类：洁净矿井水、高矿化度矿井水、特殊污染矿井水、含悬浮物矿井水、酸性矿井水。针对不同类型矿井水的处理和利用，国内外学者研究成果颇丰[1-4]。

1.2.1.1 洁净矿井水的处理技术

洁净矿井水是未被污染的干净地下水，多指矿区煤系地层中的奥灰水、砂岩裂隙水、第四纪冲积层水及老空积水。这类矿区主要充水含水层补给条件好、径流循环快，矿井水矿化度低、不含有毒有害成分，基本符合国家饮用水水源地的水质标准。有些矿区的矿井水不仅矿化度低、不含有毒有害成分，甚至含有一些对人体有益的微量元素，可开发为矿泉水。如江苏徐州新河矿井太灰水(奥灰补给)中锶含量0.64～1.05 mg/L；偏硅酸含量19.07～21.26 mg/L，属于重碳酸钙镁型深层循环水，被评价为“锶型饮用天然矿泉水”，该矿井水已累计向江苏徐州市供水6 092万 m^3。山西霍州辛置煤矿二叠系下统石盒子组碎屑岩裂隙水富含锶，形成了桃沟矿泉水。山东某矿矿井水锶含量高达15.68 mg/L，也已开发为矿泉水。这类矿井水可按一般饮用地下水进行处理后直接供居民作为生活用水。

1.2.1.2 高矿化度矿井水处理技术

高矿化度矿井水若直接排放会给生态环境带来危害，包括地表水体污染(含盐量增加)、土壤盐碱化、地表植被减少、浅层地下水污染等。国家严格限制高矿化度矿井水的排放，规定西部“水资源短缺矿区，矿井水利用率达到100%”，因此，有效处理高矿化度矿井水是实现矿区绿色可持续发展的重要途径。高矿化度矿井水处理工艺的关键是除盐，现阶段处理工艺有蒸馏法、离子交换法、膜分离法和生物处理法等[5-7]。

(1) 蒸馏法

蒸馏法是以消耗热能进行脱盐淡化的有效方法，一般适合于含盐量大于4 000 mg/L的高盐矿井水。此法需要消耗大量热能，在煤矿区可利用煤矸石和低热值煤做燃料，从而降低成本。目前多采用多效多级闪蒸法，既使热量得到经济利用，又避免了严重的结垢现象。其优点是设备运营寿命长、预处理要求低、可操作性强、回收率高，缺点是热表面易结垢、能耗高、设备重且需具备防腐防蚀能力等。

(2) 离子交换法

离子交换法是化学脱盐的主要方法，它利用固体离子交换剂与溶液中的离子之间所发生的交换反应来进行脱盐。这种方法适合含盐量为100～300 mg/L的矿井水，从经济角度来看，以含盐量不超过500 mg/L为宜。

(3) 膜分离法

膜分离技术是以天然或人工合成的高分子薄膜为介质，以外界能量或化学位差为推动力，利用膜对矿井水各组分选择透过性能的差异对其进行分离、提纯和浓缩。这种方法具有效率高、能耗低、易操作、环境友好等优点。

膜分离法包括膜表面的物理截留、膜表面微孔内吸附、位阻截留和静电排斥截留。膜分离法按膜孔径大小及截留机理的不同分为微滤、超滤、纳滤、电渗析、反渗透、电驱离子膜和脱气膜等方法。

电渗析技术曾经是处理高矿化度矿井水较为常用的方法之一，但是该方法在阳极一侧容易发生极化现象，而阴极容易发生沉淀，膜的表面被沉淀物包裹，造成电阻与电能的消耗，出水水量与水质受到影响，成本增高。目前反渗透技术已经取代电渗析技术用于对矿井水的除盐处理[8,9]，反渗透技术装置简单，易于操作，膜材料种类多，具有高效节能的优点。李福勤等[10]提出"石灰＋碳酸钠药剂软化与澄清(或混凝沉淀)相结合＋过滤＋超滤＋离子交换树脂软化＋高效反渗透＋脱碳＋纳滤分盐＋电溶析(ED)浓缩＋多效蒸发(MED)结晶"的优化工艺，其中纳滤分盐的产水经电溶析(ED)浓缩后部分回用于软化树脂的再生，实现以废治废。

针对碱性矿井水，南非采用碳酸钡进行处理，可降低100%的硝酸盐、93%的硫酸盐、50%的硬度和68%～93%的金属离子。目前国内常见的工艺多由脱盐、二次浓缩及蒸发结晶3个工艺环节组成。超滤、反渗透、纳滤以及电驱离子膜等膜分离技术在脱盐、减量化、物料提浓及分盐等方面多有应用。这些技术在制水的同时，能够最大限度地浓缩废水，减少蒸发的液体量，从而降低整个项目的投资与处理成本。

超滤、微滤膜分离技术针对高盐矿井水处理效果仍有局限性，一般用于对矿井水的澄清、过滤、除菌以及对其中的病毒、大分子有机物进行分离和纯化。电渗析技术常存在电耗大、处理成本高、回水率稍低等问题，现已逐渐被主流的反渗透膜分离技术替代。反渗透膜分离技术中膜易遭受污染、堵塞、腐蚀，当矿井水中含盐量大于6 000 mg/L时，对脱盐率影响较大。

目前国内神华宁煤清水营煤矿、兖矿赵楼煤矿、山西汾西曙光煤矿、山西平朔井工一矿、河北范各庄煤矿、神华宁夏灵新煤矿等矿井的高矿化度矿井水回收率在75%～95%，脱盐效率为98%～99.3%，处理成本为1.6～3.0元/m^3，出水可达到饮用水标准。但是对更高矿化度的矿井水，国内外都缺少低成本的处理方法。

1.2.1.3 特殊污染矿井水处理技术

矿井水受到特殊污染后不容易处理，严重的还会破坏生态环境，影响矿井水资源化利用[11]。特殊污染的矿井水必须根据其所含污染物的种类而采取相应的处理方案[12]。本书主要介绍含铁、锰以及有机物的矿井水处理。

(1) 含铁、锰的矿井水处理技术

① 空气自然氧化法。将铁含量超标的矿井水进行曝气处理，利用水中的溶解氧可将二价的铁氧化成为$Fe(OH)_3$，因为$Fe(OH)_3$的溶解度小，从而形成沉

淀，导致井下清澈的水转化为黄褐色的水，$Fe(OH)_3$可以在后面的沉淀与过滤的环节中被去除，从而去除矿井水中的铁。这种没有添加任何催化物质仅利用氧直接将水中的二价铁氧化为三价铁，以形成沉淀颗粒的方式将水中的铁去除的方法称为空气直接氧化除铁法[13,14]。

② 石灰或石灰-苏打法。这种方法是通过向矿井水中投加石灰，将水中的铁离子以$Fe(OH)_3$的形式析出沉淀，来达到去除铁的目的。但这种方法会导致 pH 升高，因而只适用于矿井水中铁含量不太高的原水。如果水中的含铁量较高，则不适宜用此种方法。

③ 生物法。利用微生物进行过滤的方法，可以去除矿井水中含量过高的锰。就是先将滤料进行熟化，使大量的微生物可以附着在滤料的表面，经过熟化后的微生物被称作锰氧化细菌，该细菌具有很强的氧化锰的能力。先在滤池中对锰氧化细菌进行接种，经过培养使滤料成熟，成熟后的滤料对矿井水中的锰的去除效果明显。对滤料的表面进行熟化是一个复杂的微生物再生过程。滤池中培养的锰氧化细菌的数量越多，对锰的去除效果越好。而锰氧化细菌需要通过铁泥进行培养并附着在滤料的表面上，才能起到除锰的效果。整个除锰的过程是一个吸附氧化、再生的动态平衡的过程。

(2) 含有机物矿井水处理技术

有机物含量过高不仅容易造成反渗透膜的污堵，而且进入蒸发系统后，影响水的黏度、传热，易引起废水发泡，影响凝结水水质和蒸发结晶后产盐的品质。有机物可分为可生化性有机物(BOD_5)和不可生化性有机物($COD-BOD_5$)，通常用化学方法测定的 COD 值来表征水中所含有机物的浓度。有机物的脱除方法有化学氧化法、生物化学法和物理吸附法三类。化学氧化法脱除有机物有催化氧化等方法。生物化学法是采用不同的生化菌分别在厌氧、缺氧、好氧的环境下消化有机物，生化菌新陈代谢形成活性污泥，再采用压滤脱除有机物。有机物的吸附脱除有活性炭和大孔树脂吸附法，吸附后的活性炭在高温炉中通过热分解有机物后再生，大孔树脂用热碱再生。

① 化学氧化法。化学氧化法包括预加氯氧化、二氧化氯氧化、高锰酸钾氧化和臭氧氧化。前三者虽也能将有机物氧化分解，但其氧化还原能力较低，只能去除少部分有机物。臭氧溶于水中后将会分解产生羟基自由基而引发链反应，产生特别活跃的、具有强氧化能力的单原子氧(O)和催化剂氢氧基。当溶液 pH 高于 7 时，在催化条件下，臭氧自分解加剧，可将水中大部分有机物氧化分解为 H_2O 和 CO_2。

② 生物氧化法。生物氧化法指依靠生物膜对水中的有机物进行降解，再经絮凝沉淀去除。矿井水中可生化的有机物很少，即 BOD_5/COD 的比值一般小于0.2，因此首先要采用化学氧化法，将不可生化的大分子有机物切割成可生化的小分子有机物，进而用生物氧化法脱除。生物氧化法有成本低的优点，但是也有工艺缺陷，即生物化学反应的成熟有一个较长的过程，其活化细菌从接种、繁殖、成长到正常运行需要 1～3 个月的时间，对于寒冷的北方地区，冬季如果保温做得不好，菌种死亡速度大于繁殖速度，系统就会失去效果。

③ 活性炭吸附法。活性炭具有很大的比表面、多功能吸附位及丰富的表面化学结构，对多数常见的有机污染物和重金属离子都有很高的物理吸附和化学吸着功能。常规活性炭过滤器可用于含有少量有机物废水的去除工艺中，对于有机物含量较高的水，它产水的 COD 变动范围会很大，水质难以控制和保证。且活性炭吸附后产水必须经过精密过滤才能进入反渗透系统，以防止细碳粉对反渗透膜污堵。

④ 超滤法。超滤法不仅可以去除水中悬浮物，还可以去除大分子有机物。它虽不能完全去除有机物但也能起到一定的作用。

1.2.1.4 含悬浮物矿井水的处理技术

含悬浮物矿井水色黑，煤粒、岩、粉等杂质较多，但其总硬度和矿化度并不一定高。依据悬浮物的性质，选择不同的净化方法，如混凝、沉淀[15]。最常用的混凝剂是铝盐和铁盐[16]。为了使水中的全部胶体杂质都能和药剂凝聚，要在尽量短的时间内让药剂均匀地分散到水中，称为混合作用。原水中投加混凝剂后，经过混合作用，水中胶体杂质凝聚成较大的矾花，便于在沉淀池中去除。

悬浮物含量高的矿井水也被称为常规矿井水。根据其水质特征，处理目的主要是沉淀和分离水中的悬浮物。混凝、沉淀、过滤、消毒是处理常规矿井水的常用工艺[17]，这些方法可减少对环境的污染，并取得了显著的经济效益。

① 混凝剂和混合形式。通常采用铝盐或铁盐混凝剂对含悬浮物矿井水进行净化处理[18]。目前最常用的是聚合氯化铝，有的也用聚合铝铁。采用的絮凝剂主要是聚丙烯酰胺[19]。采用聚合氯化铝铁处理矿井水的试验结果表明[20]，这种混凝剂属无机高分子型，对矿井水的水温和 pH 的变化适应能力很强，它的去浊率比硫酸铝优势更明显。但对于聚丙烯酰胺这类有机高分子型助凝剂，它的价格昂贵并且具有毒性，在矿井水经处理用作生活饮用水的工程中很少采用。

② 沉淀和澄清。沉淀池或澄清池是矿井水净化的主要处理单元。沉淀池

形式有平流式沉淀和斜管(板)沉淀,其处理过程能耗小,但存在处理构筑物占地面积较大,沉淀污泥易堵塞造成排泥不畅等缺点[21]。机械加速澄清池和水力循环澄清池都是集混凝反应和沉淀过程于一体的水处理设施,水力循环澄清池具有多种优点,如:运行过程动力消耗少、耐负荷冲击能力强、设施维护简易和操作方便。

③ 过滤。在矿井水处理中常用到过滤设施,通常为普通快滤池或重力式无阀滤池。普通快滤池管路、阀门系统混乱,反冲洗操作复杂;重力式无阀滤池能自动反冲洗,操作简单,管理和维护方便。滤池中经常采用无烟煤和石英砂双层滤料。

④ 消毒。矿井水净化处理后如作为居民生活用水必须经过消毒处理,通常采用二氧化氯作消毒剂,很少采用次氯酸钠或液氯。

1.2.1.5 酸性矿井水的处理

酸性矿井水的处理是一个全球性的环境问题,各国也都提出了很多治理方法,国外一般分为两大类:①主动处理法,需要使用化学治疗系统来缓解酸性,包括化学沉淀法,生物反应器的生物处理、吸附、离子交换和反渗透等方法;②被动处理法,在人为控制的环境中利用自然界发生的生物化学反应去除水中的污染物,包括生物处理、人工湿地和石灰石排水沟的化学处理等[22]。国内一般有中和沉淀法、吸附法、微生物处理以及人工湿地处理等。

(1) 中和沉淀法

中和沉淀法是比较传统的方法,也是我国目前最常用的方法,它是通过投入大量碱性物质如熟石灰、无水氨、氢氧化钠、石灰石和碳酸钠来提高废水的 pH,使可溶性金属通过中和反应生成沉淀从而达到去除金属离子的目的[23-25]。此方法操作方便,对水质水量的适应能力强,对设备的要求相对简单,但中和处理成本高,容易造成混合反应不充分[26],并会产生大量污泥,易产生二次污染[27],同时会造成金属和硫酸的大量浪费[28, 29]。因此近年在对中和方法的改进、中和与其他方法联合使用、用石灰石副产品代替石灰等方面的研究较多。

Akinwekomi 等[30]用 $Mg(OH)_2$ 或 $Mg(HCO_3)_2$ 和 $Ca(OH)_2$ 综合处理酸性矿井水;Tolonen 等[31]用 4 种石灰石副产物处理酸性矿井水,4 种副产品都除去了 99%以上的 Al、Cd、Co、Cu、Fe、Mn、Ni、Zn 和大约 60%的硫酸,研究表明有两种可替代生石灰或熟石灰进行酸性矿井水处理;Lakovleva 等[32]分别用采矿工艺用水(MPW)和 NaCl 改性石灰石处理酸性矿井水,改性后的石灰石将 pH 从

1.5升到了6，且对Fe、Cu、Zn和Ni的去除率均高于未改性的石灰石。

（2）微生物法

微生物法中的硫酸盐还原菌法（SRB）目前在国内外都备受关注。其机理是SRB使用硫酸盐作为终端电子受体氧化有机废物和氢（电子供体）产生硫化氢，产生的硫化氢与溶解金属反应生成金属硫化物沉淀（CuS、PbS、CdS和ZnS等）；同时由于硫酸盐还原消耗 H^+，对酸性矿井水具有中和作用，从而达到提高废水的碱度并去除金属离子的目的。微生物法因成本低廉，运行简单，可回收单质硫或硫化物，没有二次污染[33-35]而成为近年来国外研究的热点之一。在美国、日本等国家，SRB生物被动处理系统已经投入实际应用，我国在这方面还处于实验室研究阶段。微生物法对水力停留时间、温度、pH，尤其是碳源的选择要求较高，操作环境不容易控制，因此目前对SRB处理酸性矿井水的研究主要集中在寻找合适的碳源和电子供体上。此外，围绕SRB的影响因素、SRB的固定化方法也开展了研究工作。Ramla B等[36]用南非土著的一种草作为SRB碳源处理酸性矿井水，pH由3升到8.5。蔡昌凤等[37]对空气阴极微生物燃料电池处理模拟酸性矿井水、污泥厌氧发酵-硫酸盐还原菌耦合体系处理酸性矿井水做了相关研究；Zhang等[38]制备了一种新型固定化硫酸盐还原细菌（SRB）珠粒，硫酸盐去除率约在61%～88%之间。

（3）吸附法

吸附法一般利用具有多孔性的固体吸附剂将酸性矿井水中的污染组分吸附于表面。活性炭因具有发达的空隙结构和表面积而成为最常用的吸附剂之一，但因活性炭价格昂贵，耐久性不长且吸附饱和的活性炭若被丢弃易造成二次污染[39]，因此对吸附剂的再生、寻求新的经济耐用的吸附材料以及通过改性的方法提高吸附剂的活性是许多科研人员研究的方向。目前被研究的吸附剂有粉煤灰、多孔混凝土、草木灰、各类黏土、沸石以及骨炭等。

万海洮等[40]对改性前后的粉煤灰对酸性矿井水的处理进行了研究，改性后的粉煤灰吸附率大大提高；Silvie等[41]用草木灰处理酸性矿井水后，溶液pH从3.5增加到8.3；Cui等[42]通过实验指出煤矿排水污泥（CMDS）有望用于酸性矿井水处理；Jeon等[43]用铁改性沸石（ICZ）处理酸性矿井水后，出水pH约为7；徐大勇等[44]制备了一种多孔生物质混凝土（PBC），实验结果显示PBC对酸性水浊度、COD、TP的平均去除率分别为71.7%、74.4%、87.3%，出水pH维持在8～9之间。

(4) 其他方法

近年来,有关人工湿地法、电渗析法、离子交换法等处理酸性矿井水的研究也在积极开展。人工湿地法是在填料表层土壤中种植水生植物,构成人工生态系统,通过过滤、分解、离子交换、植物吸收、吸附、沉淀等作用去除水中的污染物,具有投资成本低,运行费用低,方便管理等突出的优点[45]。美国已在煤矿系统建设了400多座人工湿地处理系统,出水pH在6~9之间[46]。但人工湿地系统具有占地面积大,寒冷地区或者冬季处理效果欠佳等缺点。我国在东北、华北已建成几处人工湿地污水处理系统,运行情况良好,但技术有待提高和应用推广。电渗析法装置的分离介质主要由选择性离子交换膜构成,带正电的阳离子如Cu^{2+}、Zn^{2+}等移向阴极,带负电的阴离子如SO_4^{2-}向阳极移动,从而达到从污水中分离金属离子和硫酸根的目的。Buzzi等[47]分析了将三种不同的酸性矿井水通过HDX200阴离子交换膜和HDX100阳离子交换膜,结果表明,电渗析法适用于处理酸性矿井水,污染物去除效率大于97%。电渗析法具有出水水质稳定、无须添加化学试剂、能回收金属离子和硫酸根离子、无二次污染等优点,但离子交换膜容易阻塞,影响使用寿命,并且耗能较高,对大型企业适用性不高。离子交换法是将离子交换剂中的可交换基团从溶液中的各种离子中分离出来的一种方法。其关键是选择合适的离子交换剂和吸附浸出条件。该方法的优点是处理后的废水水质良好,金属离子可回收利用。Maicaneanu等[48]用罗马尼亚当地的沸石火山凝灰岩(ZVT)作为离子交换剂处理酸性矿井水中的重金属离子,去除率达到100%,去除能力为$Fe^{2+}>Zn^{2+}>Mn^{2+}$,交换吸附能力介于酸性和强酸性阳离子之间。

(5) 联合处理工艺

在酸性矿井水实际处理工艺中,有时需要将两种或多种方法联合使用。可渗透性反应墙(PRB)地下水原位修复技术,其填充物一般是活性介质(粉煤灰、玉米芯、混凝土等)和降解特种物质的专属菌种(如SRB),该技术涉及吸附和微生物法等方法的联用。狄军贞等[49]用由碎石层、粗砂层、细沙层和SRB颗粒层组成的PRB装置处理酸性矿井水,对Fe的去除率可达99.9%以上,SO_4^{2-}的平均还原速率为1256 mg/(L·d)。一些生物电化学系统(BES)是微生物法和电渗析法联合实现的。例如Peiravi等[50]用BES处理酸性矿井水,在阴极检测到的细菌为沙雷菌属,处理7 d后,溶液的pH从2.5上升到中性7.3,该方法对大多数有毒金属的去除率达到90%以上。

1.2.2 矿井水利用技术

国外关于矿井水利用的研究与应用比较早[51]，并已经取得较为理想的成果。据统计，早在20世纪80年代，美国对矿井水的综合利用率就达到81%；俄罗斯顿巴斯煤矿的矿井水综合利用率更是高达90%[52]。在国外，煤矿矿井水处理与利用被作为环保工作的重点，开采中产生的矿井水被视为一种伴生资源而非负担，矿井涌水量越大，盈利越多，经济效益就越大[53]。多数国家对矿井水做适当处理后，一部分用于煤矿生产用水和矿区生活用水等，一部分达到排放标准，排入地表水系[54]。最早开展矿井水利用的是苏联和美国。苏联为了控制污染土壤、合理利用水资源，做了以下工作：矿井水净化和消毒后直接排入水体；经过处理的悬浮物矿井水用于工业；高矿化度类型的矿井水处理之后用于工业或生活用水[55]。德国有些矿区使用了大量的潜水电泵，在煤矿矿井地下水的补给边界处强排，直接通过管道输送至电厂，供发电之用[56]。英国矿井水年排水量36亿 m^3，其中工业用水为42%，排放到地表水系的为58%。日本除部分矿井水用于洗煤之外，大部分矿井水都是经过沉淀处理去除悬浮物后排到地表水系。匈牙利部分煤矿把矿井水直接卖给城市供水部门用于当地人们的生活饮用水，这些煤矿仅凭借经营矿井水这一项伴生资源，就可以获得可观的经济效益[57,58]；20世纪80年代开始，美国和欧盟对人工湿地处理矿井水进行中试试验研究，效果良好，为矿井水的处理及利用提供了新思路[59,60]。

经研究显示，我国86个重点煤矿区有71%的煤矿缺水，40%的煤矿严重缺水，极大地影响了工农业的发展以及居民的生活，矿井水的综合利用在我国起步较晚，研究出的工艺流程比较简单，利用率比较低[61]。2005年，太钢改造分质供水、分质排水、分质处理的管网工程，以满足各用户对水质的不同要求，形成了优水优用、劣水劣用、污水回用的模式[62]。我国北方干旱、半干旱地区利用微咸水和咸水进行灌溉，最早可以追溯到20世纪七八十年代，宁夏同心和海原县用矿化度3～7 g/L的咸水灌溉韭菜、芹菜和甘蓝，山西汾河灌区利用浅层地下微咸水灌溉冬小麦、春玉米、棉花等，河北沧州地区自1976年开始利用矿化度小于5 g/L的微咸水灌溉小麦等。国内为降低耗能，将矿井原水经过井下混凝、沉淀、石英砂过滤技术处理后，其中200 m^3/h 的矿井水用于矿井井下消防、防尘等生产用水，而900 m^3/h 的矿井水用泵抽到井上进行过滤、反渗透技术处理后有125 m^3/h 的矿井水用于生活用水，其他矿井水利用活性炭吸附和 ClO_2 处理后达到地下水回灌的水质要求[63]。淮北市通过采煤沉陷区的调蓄，境内包括矿井水在内的非常规水可利用量相当可观，在丰水年份可满足工业园区用水要求，平、枯水年份工业园区用水保证率也有很大提高，增加了淮北市的水资源利用效率，缓解了淮北市面临的水资源短缺问题[64]。

神华集团在神东矿区经过 20 年技术攻关和工程实践，提出煤矿地下水库技术，从而实现矿井水井下储存与利用，该技术已成功在神东矿区全面实施：①将矿井水应用于生产。②将矿井水经过深加工处理后用作生活用水。建成生产能力为 110 万 m^3/a 的纯净水生产线；孙村矿在井下建成了矿井水处理饮用水装置，经处理后的矿井水可达到直接饮用标准。③将矿井水积极销往外部市场。万祥矿业每年将 700 多万 m^3 处理后的矿井水销售给莱钢集团，华泰矿业每年销售给莱芜南电厂 1 600 万 m^3，年收入超过千万元，获得较好的经济效益，与此同时处理后的矿井水水价低于钢厂和电厂的外购新鲜水价格，不仅降低了生产成本，而且保护了水资源和水环境，实现了多赢。④采用水源热泵技术，把矿井水作为低热值热源，冬季代替锅炉用于供暖，夏季代替空调用于制冷[65]。任学勤提出矿井水“两零循环”综合利用模式。“两零循环”中的第一个“零”是指地下水通过岩石裂隙进入采煤区形成矿井水，经过井下排泥系统梯级沉淀除去固体杂质，经过中央水泵房集中排出地表，在地表经过机械加速澄清池进一步净化，经过水源热泵提取水中蕴含的低品位热量，然后进入水处理系统，转变为Ⅲ类水标准后经过管道全部回灌入地下，达到矿井水来自地下含水层又回到地下含水层的目的，从而实现矿井水的零排放。“两零循环”中的第二个“零”是指生产用水经过总供水泵站的环水泵、加压泵进入选矿系统，作为生产用水在选厂参与一系列选矿作业，形成携带矿砂的矿浆水，携带尾砂进入压滤车间，经过压滤设备实现泥水分离，最后滤液经过管道泵再次回到总供水泵站，从而实现生产用水的闭环循环，同时生活用水也经过类似的过程实现相应的闭环循环，实现生产生活废水的零排放[66]。何绪文等[67]提出分质供水、梯级利用工艺，井下处理、就地复用工艺，高品质按需供水工艺，工艺废水零排放，为矿井水的利用提供了新思路。李福勤等[68]研究将河北南部矿区矿井水用于农田灌溉、工业厂区，利用率达 90%以上。

1.2.3 矿井水利用风险

风险的概念被广泛应用于安全、军事、环境等多个学科领域，关于风险的定义，国内外专家学者与一些研究机构，从不同的专业背景和不同的角度出发，进行了各自的诠释[69]。因此，风险至今也没有一个统一的标准定义，原因可能是风险本身无法用一个准确具体的词来描述，也可能是风险与概率密不可分，而概率本身具有不确定性，导致无法定义风险。

风险的定义颇多，且各有侧重，可概括为 3 种类型：①从风险角度考虑，是指特定事件发生的概率与损失；②从致灾因子角度考虑，是指特定事件发生的可能性；③从灾害学角度考虑，是指致灾因子、暴露性、脆弱性等共同作用的结果[70]。

矿井水利用风险指矿井水在作为一种资源被利用过程中，由于来水和用水存在不确定性，在特定的环境条件下，矿井水资源在经济、水量、水质、输送过程等方面产生的损失。

1.2.3.1 水资源利用风险

国内外对矿井水利用综合的风险分析研究较少，关于水资源水量方面的风险分析大都集中在水资源短缺风险上。在研究对象上，以干旱缺水地区为主，如北京、西安、辽宁沿海经济带、吉林、黑龙江等地的水资源短缺风险评价[71-74]。在研究尺度上，多见区域、流域、行政区等，如李九一等对京津唐地区水资源短缺风险进行了评价，并建立了决策体系[75]；张中旺等对中线调水后汉江生态经济带水资源短缺风险进行了风险评价[76]；张士锋等对海河流域水资源短缺风险进行了研究[77]，高雅玉等对马莲河流域水资源短缺风险决策应用进行了研究[78]；廖强等对北京市水资源短缺风险等级进行了评价与预测等[79]。在研究思路上，有风险概率评价模型、指标模型及动态情景模型等[80-82]。在研究方法上常用：①数学建模法，如 Haimes 提出多目标多阶段的水资源短缺风险分析法[81]；阮本清等从风险率、脆弱性、可恢复性、重现期和风险度等方面构建了水资源短缺风险模糊评价模型，评价了京津首都圈水资源短缺风险[80]；韩宇平等在水资源投入产出模型的基础上，构建了水资源影子价格测算的动态模型，对首都圈水资源短缺风险的经济损失进行了评价[82]；钱龙霞等基于最大熵原理（MEP）和数据包络分析（DEA）建立了模型，计算 1956—2012 年北京市水资源短缺风险损失并预测了 2020 年的风险损失[83]。②地理方法，如韩宇平等基于地理信息系统对水资源短缺风险进行了评价探究[84]；王琛茜等利用可变模糊集方法、熵权及层次分析法（AHP）确定指标体系及权重，对中国 80 个二级流域进行了水资源短缺风险评价和空间分析[85]。③信息论方法，如罗军刚等运用熵权模糊评价模型完成了西安市水资源短缺风险评价；严伏朝等运用信息扩散理论构造了水资源短缺模糊评价矩阵，评价了西安地区水资源短缺风险[86]。④指数法，如水资源稀缺指数、水贫乏指数在干旱地区水资源短缺风险分析中的应用[87-90]。

1.2.3.2 水环境风险

水环境问题作为21世纪全球关注的十大环境问题之一，成为国内外众多学者的研究热点，而水环境风险评价是防止污染事故、控制环境污染的有效手段[91]。目前，水环境风险包括地表水和地下水环境风险，其研究内容主要涉及两个方面：

① 单一污染物的水环境风险，即选取典型污染物并对其进行采样测样，确定其分布特征，应用数学模型计算风险概率及风险损失，如Li、Qin等研究了重金属及PAHs分布特征对人类健康影响[92,93]；Sundaray等通过分析印度Mahanadi盆地中河口沉积物，进行了重金属对人类健康的风险评价[94]；余葱葱等对电镀厂周边地表水中重金属分布特征及健康风险进行了评价[95]；齐晓宝等研究了溢油污染滩涂水体中多环芳烃组成分布及风险[96]；韩冰等进行了地下水有机污染对人体健康风险评价[97]。

② 区域综合水环境风险包括：a.石油、煤炭、化工等企业在生产加工环节中由于操作不当或管理不善造成的污染物泄露引起的水环境污染风险，如李景红等关于石化企业地表水环境风险应急设施的环境风险识别[98]；丁毅等构建了输油管道水环境风险评价方法[99]；穆杰的长距离输水工程突发水污染事件风险评价与预案研究[100]；李政红等的储油库地下水有机污染健康风险评价[101]。b.工业园区在生产、存储、使用、运输有毒物质过程中，发生泄漏、爆炸等造成的水环境风险，该风险具有多元性、综合性和复杂性，如刘宏等的邻水化工园区危险化学品水环境风险评价[102]；武瑶等进行的哈大齐工业走廊承接产业转移水环境风险评价[103]。c.流域、区域水环境风险，通过流域、区域水环境要素监测，分析流域水环境变化规律，定量评价水环境系统风险，以氮、磷为代表的水环境营养性污染为主，如麻素挺等提出基于灰色聚类对珊溪库区富营养化进行评价并给出防治对策[104]；陈小华等研究了苏南地区湖泊群的富营养化状态[105]；Liu等基于模糊数学的海河流域水环境风险评价[106]；张艳军等进行的三峡库区突发性水环境风险分区应用研究[107]；张珂针对流域环境风险评价所涉及的大尺度、多元多受体和邻域效应等难点问题，借鉴相对风险模型，细化模型评价要素的量化过程，加入水质模型和GIS空间分析技术，以南水北调中线水源地丹江口水库入库支流老灌河流域为例，开展了流域突发性水污染事故风险评价[108]。

对于水污染事故风险评价，从研究方法上看，主要有：①数学建模法(指数法),即选择几类风险表征因子,并对其逐级分析,通过聚类、模糊数学方法构建风险评定综合指数,常用于区域、流域水环境风险评定[104,106]。②过程模拟法,在分析流域水文、水文地质条件和污染现状基础上,运用污染物迁移转化模型对污染物运移规律进行模拟,给出水环境风险等级,评价中常用水文模型[109,110](SWAT、EFDC)、水质模型[111](WASP、MIKE)、水文-水质耦合模型[112]。③统计法,收集研究区已有的水环境监测资料和发生水污染的各种相关信息,对其进行统计分析,确定污染物空间分布、使用变化和风险大小。

1.2.3.3 矿井水的健康风险评价

根据地下水预期损害评价对象即风险受体的不同,可将地下水风险评价分为基于人类健康的地下水健康风险评价、基于生态环境的地下水生态风险评价以及基于地下水功能的地下水污染风险评价三大类,这三种风险评价都属于环境风险评价的范畴。

健康风险评价指对有毒有害物质危害人体健康程度进行概率估计,并提出减小风险的方案和对策。健康风险评价可定义为对特定有害因子造成暴露于该因子个体和群体不良影响发生的概率及对不良影响发生的程度、时间或性质进行定量描述的系统过程[113]。健康风险评价是一门跨学科的科学,可以正确评价化学污染物对人类健康的综合影响,区别问题的轻重缓急,提高化学品管理的总体效应[114]。

地下水健康风险评价的受体是人类健康,它描述了人类接触有害物质时危害效应的特征,通过人类暴露在或能够暴露在有毒及有害物质中的程度来确定现在或将来的人类健康风险。健康风险评价是20世纪80年代以后兴起的,目前在世界各国得到一定应用。健康风险评价首先始于美国,美国国家环保局公布了可疑致癌物的风险评价准则,提出了有毒化学品的致癌风险评价方法,这个方法被很多环境立法机构所接受,同时也引起了学术界更广泛深入的研究和讨论,使风险评价的方法日渐普遍和成熟[115]。地下水污染健康风险评价方法多基于美国科学院于1983年提出的健康风险评价的四步法,即危害识别、剂量-效应评价、暴露评估、风险表征[116]。

① 危害识别。危害识别主要是收集评价场地的污染物检测数据并开展相应的调查取样分析,根据污染物的生物学和化学数据,判定某种特定污染物是否产生危害,筛选出目标污染物。对危害不明的新化学物质来说,更需要从头累积较完整而可靠的资料,这阶段的工作是风险度的定性评定。

② 剂量-效应评价。剂量-效应评价是对目标污染物暴露水平与暴露人群或

生物种群中不良健康反应发生率之间关系进行定量估算的过程，是风险评价的定量依据。动物实验是剂量-效应关系评定的主要手段，从动物实验得到剂量-效应关系之后，利用一定的模式外推到人群，得出近似的人群剂量-效应关系。

③ 暴露评估。暴露评估是对人群暴露于环境介质中有害因子的强度、频率、时间进行测量、估算或预测的过程，是进行风险评价的定量依据，主要是对暴露环境、环境介质、受体暴露途径、环境浓度和暴露量的评价。

④ 风险表征。风险表征是对暴露于目标污染物的人群发病率的估算。它是风险评价的最后一个步骤，以确定有害结果发生的概率、可接受的不确定性等。致癌风险值可以通过癌症斜度系数与摄入量相乘来获得[117-119]。

从 1990 年我国开始在核工业系统开展环境健康风险评价的研究以来，我国健康风险评价工作取得较大的进展。我国开展了燃煤大气污染对健康危害以及水环境健康风险评价模型及其应用研究[120]。近几年，我国对饮用水的健康风险评价较多，如胡春华等[121]、田华等[122]对饮用水进行了重金属健康风险评价；仇付国等[123]、孙冬等[124]分析了不同物质及介质对环境或人体的健康风险。

国内外对矿井水的处理技术都已较为成熟[125-134]，能够针对不同的矿井水类型采用不同的方法将矿井水处理达到不同的水质标准。而矿井水的利用模式大多集中在煤炭系统[135-137]，以水利系统的角度提出的矿井水资源的利用模式少之又少，这将成为本书一个重要的部分。本书立足水利系统，从水资源的角度提出适合各地发展的、可参与到当地常规水资源统一配置的矿井水资源的安全利用模式。此外，关于水资源风险管控方面的研究，绝大部分都集中在水资源短缺的风险分析、对地下水污染以及对人类健康的风险分析上，对矿井水资源利用的风险分析则研究得很少，因此，关于矿井水资源利用过程的风险管控也将是本书一个重要的内容，筛选符合矿井水资源利用的风险指标，建立行之有效的风险评价体系成为本书的重中之重。

1.3 研究目标和主要内容

1.3.1 研究目标

在分析我国矿井水资源量及其开发利用现状、潜力、可利用量及其分布的基础上，研究提出因地制宜的矿井水资源安全利用模式，识别开发利用过程中的风险，建立相应的风险管控技术与保障策略，为实现矿井水资源安全高效利用、减少矿井水排放、有效保护水环境等提供支撑。

1.3.2 主要研究内容

（1）矿井水开发利用现状及潜力评价

根据我国矿产资源基地范围，梳理矿井水资源量及其开发利用现状和分布，分析现状矿井水开发利用中存在的主要制约因素和风险；建立矿井水资源量评价方法，提出供需双向协调的矿井水资源开发利用潜力评价方法及技术体系，评价我国矿井水可利用量与潜力。

（2）矿井水安全利用模式、风险管控与保障策略

针对不同区域矿井水的水量、水质特点，分析水量的稳定性和水质类型，提出矿井水的就近利用、面向园区产业链利用、回归河湖等安全利用模式；针对具体模式，从矿井水利用的主要环节、用途等方面，识别矿井水开发利用过程中的风险因子，构建风险评价指标体系，建立风险评价模型，提出矿井水开发利用的风险管控策略，进而从行政、经济、科技、管理等方面提出矿井水开发利用的保障策略。

1.3.3 解决关键科学问题

（1）研发适合我国的多矿井水资源利用潜力评估技术

目前单矿井水资源量评价方法已相对成熟，但多矿井水资源量评价方法还相对落后。研发适用于多矿井水源、面向供需双侧协调的矿井水开发利用潜力和可利用量评价方法，扩展矿井水资源量评价、开发利用潜力的内涵是本书需要解决的关键科学问题之一。

（2）提出矿井水资源利用的安全模式及风险管控

矿井水资源量存在稳定性差、差异大、水质变化大等特点，而矿井水的供水用户对水量水质又具有一定的要求，针对如何将两者在量、质方面合理地进行匹配，本书提出了矿井水在收集、处理、调蓄、利用等环节与常规水资源协同配置的安全利用模式。

1.4 研究技术路线

① 资料收集分析整理。收集不同矿种、矿区、矿床埋藏特点及水文地质状

况；调查矿产资源基地范围内矿井水资源量及其开发利用现状、分布，以及在生活、工业、生态环境、农业等方面的利用情况。

② 矿井水安全利用模式。针对不同区域矿井水资源水量、水质的特点，分析水量的稳定性和水质类型，通过典型调查、聚类分析等手段，提出矿井水资源的就近利用模式、面向园区产业链模式、回归河湖模式等安全利用模式。

③ 矿井水利用的风险管控。根据矿井水利用的主要环节、用途等识别保障水量稳定性、水质可靠性及开发利用成本等矿井水开发利用过程中的风险因子，构建风险评价指标体系，建立风险评价模型，综合评价不同安全利用模式的矿井水利用存在的风险及风险程度。

④ 矿井水利用的保障措施。从行政、经济、科技、管理等层面，提出提高我国矿井水安全利用水平的技术方案、管理策略与保障体系。

研究技术路线图见图 1-1。

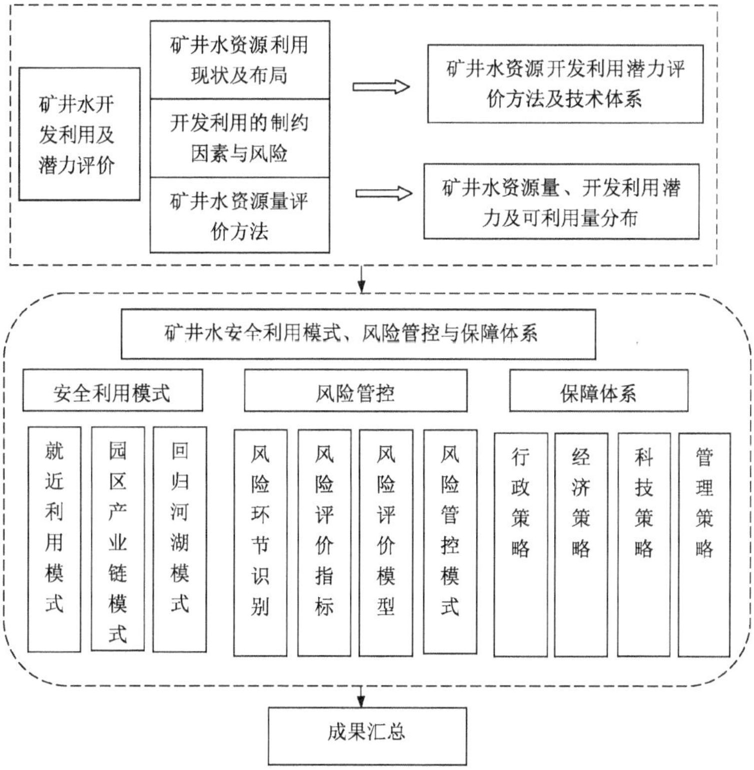

图 1-1 技术路线图

第二章　全国煤炭基地概况

我国是矿产资源开采大国，并且正处在现代化、城镇化快速发展时期，矿产资源需求量越来越大。矿产资源在开采过程中必然要排放大量的地下水和生产废水，即矿井水。由于我国煤矿矿井水涌水量占矿井水涌水总量的90%以上，因此，本书主要研究煤矿矿井水。

2.1　全国煤炭基地分布情况

根据国务院《关于全国矿产资源规划（2016—2020年）的批复》（国函〔2016〕178号），全国有晋东、晋中、晋北、陕北、黄陇、宁东、神东、新疆、蒙东、冀中、鲁西、河南、两淮和云贵14个煤炭基地共162个矿区（见表2-1），规划总面积38.33万km^2。我国大型煤炭基地主要处于水资源供需矛盾较为突出的地区，除两淮、蒙东（东北）和云贵基地的一些矿区水资源总量相对较多外，其余11个煤炭基地均严重缺水，尤其是晋、陕、蒙（西）、宁区，煤炭资源最为富集，原煤产量超过全国总产量的60%，但受地理位置、气候、地形及地貌的影响，这一区域水资源占有量仅为全国总量的4.8%，其中，宁夏、山西属于极度缺水地区，陕西属于重度缺水地区，有7个基地的煤炭工业发展规模及煤炭资源加工转化受到水资源条件的制约。

表2-1　“十三五”国家规划煤矿矿区

序号	名称	位置
1	开滦矿区	河北唐山市
2	邯郸矿区	河北邯郸市
3	邢台矿区	河北邢台市
4	峰峰矿区	河北邯郸市
5	平原矿区	河北廊坊市、沧州市
6	大同矿区	山西大同市、朔州市
7	轩岗矿区	山西忻州市

续表

序号	名称	位置
8	岚县矿区	山西太原市、忻州市、吕梁市
9	平朔矿区	山西朔州市
10	朔南矿区	山西朔州市
11	河保偏矿区	山西忻州市
12	西山矿区	山西太原市、吕梁市
13	东山矿区	山西太原市
14	霍东矿区	山西长治市、临汾市
15	霍州矿区	山西临汾市、晋中市
16	离柳矿区	山西吕梁市
17	乡宁矿区	山西临汾市、运城市
18	晋城矿区	山西晋城市
19	潞安矿区	山西长治市
20	阳泉矿区	山西阳泉市、晋中市
21	汾西矿区	山西晋中市、吕梁市
22	石隰矿区	山西吕梁市、临汾市
23	武夏矿区	山西长治市、晋中市
24	五九矿区	内蒙古呼伦贝尔市
25	准哈诺尔矿区	内蒙古锡林郭勒盟
26	查干淖尔矿区	内蒙古锡林郭勒盟
27	吉日嘎郎矿区	内蒙古锡林郭勒盟
28	哈日高毕矿区	内蒙古锡林郭勒盟
29	赛汗塔拉矿区	内蒙古锡林郭勒盟
30	绍根矿区	内蒙古赤峰市
31	纳林希里矿区	内蒙古鄂尔多斯市
32	纳林河矿区	内蒙古鄂尔多斯市
33	呼吉尔特矿区	内蒙古鄂尔多斯市

续表

序号	名称	位置
34	台格庙矿区	内蒙古鄂尔多斯市
35	新街矿区	内蒙古鄂尔多斯市
36	扎赉诺尔矿区	内蒙古呼伦贝尔市
37	胡列也吐矿区	内蒙古呼伦贝尔市
38	宝日希勒矿区	内蒙古呼伦贝尔市
39	伊敏矿区	内蒙古呼伦贝尔市
40	五一牧场矿区	内蒙古呼伦贝尔市
41	诺门罕矿区	内蒙古呼伦贝尔市
42	霍林河矿区	内蒙古锡林郭勒盟、通辽市
43	农乃庙矿区	内蒙古锡林郭勒盟
44	贺斯格乌拉矿区	内蒙古锡林郭勒盟
45	白音华矿区	内蒙古锡林郭勒盟
46	高力罕矿区	内蒙古锡林郭勒盟
47	道特淖尔矿区	内蒙古锡林郭勒盟
48	乌尼特矿区	内蒙古锡林郭勒盟
49	五间房矿区	内蒙古锡林郭勒盟
50	巴彦胡硕矿区	内蒙古锡林郭勒盟
51	巴其北矿区	内蒙古锡林郭勒盟
52	吉林郭勒矿区	内蒙古锡林郭勒盟
53	白音乌拉矿区	内蒙古锡林郭勒盟
54	那仁宝力格矿区	内蒙古锡林郭勒盟
55	胜利矿区	内蒙古锡林郭勒盟
56	准格尔矿区	内蒙古鄂尔多斯市
57	准格尔中部矿区	内蒙古鄂尔多斯市
58	神东矿区东胜区	内蒙古鄂尔多斯市
59	万利矿区	内蒙古鄂尔多斯市

续表

序号	名称	位置
60	高头窑矿区	内蒙古鄂尔多斯市
61	塔然高勒矿区	内蒙古鄂尔多斯市
62	上海庙矿区	内蒙古鄂尔多斯市
63	乌海矿区	内蒙古乌海市
64	白彦花矿区	内蒙古包头市、巴彦淖尔市
65	巴彦宝力格矿区	内蒙古锡林郭勒盟
66	阜新矿区	辽宁阜新市、锦州市
67	沈阳矿区	辽宁沈阳市、辽阳市
68	鸡西矿区	黑龙江鸡西市
69	鹤岗矿区	黑龙江鹤岗市
70	双鸭山矿区	黑龙江双鸭山市
71	七台河矿区	黑龙江七台河市
72	淮北矿区	安徽淮北市、宿州市、亳州市
73	淮南矿区	安徽淮南市、阜阳市
74	巨野矿区	山东菏泽市、济宁市
75	济宁矿区	山东济宁市、泰安市、菏泽市
76	黄河北矿区	山东聊城市、济南市、德州市
77	永夏矿区	河南商丘市
78	郑州矿区	河南郑州市、洛阳市
79	平顶山矿区	河南平顶山市、许昌市
80	义马矿区	河南三门峡市、洛阳市
81	焦作矿区	河南焦作市、新乡市、济源市
82	鹤壁矿区	河南鹤壁市、安阳市
83	古叙矿区	四川泸州市
84	筠连矿区	四川宜宾市
85	六枝黑塘矿区	贵州六盘水市、安顺市

续表

序号	名称	位置
86	普兴矿区	贵州黔西南州
87	黔北矿区	贵州遵义市、毕节市
88	织纳矿区	贵州毕节市
89	水城矿区	贵州六盘水市
90	发耳矿区	贵州六盘水市
91	盘江矿区	贵州六盘水市
92	恩洪矿区	云南曲靖市
93	镇雄矿区	云南昭通市
94	庆云矿区	云南曲靖市
95	老厂矿区	云南曲靖市
96	跨竹矿区	云南红河州
97	小龙潭矿区	云南红河州
98	昭通矿区	云南昭通市
99	神东矿区神府区	陕西榆林市
100	榆神矿区	陕西榆林市
101	榆横矿区	陕西榆林市
102	彬长矿区	陕西咸阳市
103	永陇矿区	陕西宝鸡市、咸阳市
104	韩城矿区	陕西渭南市
105	澄合矿区	陕西渭南市
106	蒲白矿区	陕西渭南市
107	铜川矿区	陕西铜川市、渭南市
108	古城矿区	陕西榆林市
109	吴堡矿区	陕西榆林市
110	黄陵矿区	陕西延安市
111	旬耀矿区	陕西铜川市、咸阳市

续表

序号	名称	位置
112	府谷矿区	陕西榆林市
113	宁正矿区	甘肃庆阳市
114	红沙岗矿区	甘肃武威市
115	华亭矿区	甘肃平凉市
116	灵台矿区	甘肃平凉市
117	甜水堡矿区	甘肃庆阳市
118	沙井子矿区	甘肃庆阳市
119	吐鲁矿区	甘肃酒泉市
120	木里矿区	青海海西州、海北州
121	鱼卡矿区	青海海西州
122	马家滩矿区	宁夏银川市、吴忠市
123	积家井矿区	宁夏银川市、吴忠市
124	韦州矿区	宁夏吴忠市
125	灵武矿区	宁夏银川市
126	鸳鸯湖矿区	宁夏银川市
127	红墩子矿区	宁夏银川市
128	萌城矿区	宁夏吴忠市
129	大南湖矿区	新疆哈密市
130	淖毛湖矿区	新疆哈密市
131	沙尔湖矿区	新疆哈密市
132	三塘湖矿区	新疆哈密市
133	艾丁湖矿区	新疆吐鲁番市
134	库木塔格矿区	新疆吐鲁番市
135	五彩湾矿区	新疆昌吉州
136	大井矿区	新疆昌吉州
137	将军庙矿区	新疆昌吉州

续表

序号	名称	位置
138	西黑山矿区	新疆昌吉州
139	老君庙矿区	新疆昌吉州
140	和什托洛盖矿区	新疆塔城地区
141	阜康矿区	新疆昌吉州
142	硫磺沟矿区	新疆乌鲁木齐市、昌吉州
143	黑山矿区	新疆吐鲁番市
144	伊宁矿区	新疆伊犁州
145	尼勒克矿区	新疆伊犁州
146	玛纳斯塔西河矿区	新疆昌吉州
147	四棵树矿区	新疆塔城地区
148	沙湾矿区	新疆塔城地区
149	昌吉白杨河矿区	新疆昌吉州
150	阿艾矿区	新疆阿克苏地区
151	阳霞矿区	新疆巴音郭楞州
152	克布尔碱矿区	新疆吐鲁番市
153	三道岭矿区	新疆哈密市
154	巴里坤矿区	新疆哈密市
155	塔城白杨河矿区	新疆塔城地区
156	艾维尔沟矿区	新疆乌鲁木齐市、吐鲁番市
157	喀木斯特矿区	新疆阿勒泰地区
158	北塔山矿区	新疆昌吉州
159	昭苏矿区	新疆伊犁州
160	俄霍布拉克矿区	新疆阿克苏地区
161	拜城矿区	新疆阿克苏地区
162	塔什店矿区	新疆巴音郭楞州

2.1.1 晋东、晋中和晋北煤炭基地

2.1.1.1 晋东煤炭基地

晋东煤炭基地是我国最大和最重要的优质无烟煤生产基地，位于山西阳泉、长治、晋城和晋中等市县境内，由晋城、潞安、阳泉和武夏等 4 个矿区组成。这里地理位置优越，煤层气资源丰富，水资源充沛，化工用无烟煤质量优良，发展清洁能源，以煤、电、气、化为一体的晋东基地正在形成。

晋城矿区位于山西省沁水煤田南端，南起煤层露头线，北界为高平市南缘马村、河西一线，矿区面积约 280 km^2。阳泉具有丰富的煤炭资源，井田含煤面积 1 051 km^2，已探明地质储量 104 亿 t，其中地方煤矿井田面积约 340 km^2。

2.1.1.2 晋中煤炭基地

晋中煤炭基地地处山西省中部及中西部，跨太原、吕梁、晋中、临汾、长治、运城 6 个市的 31 个县(市)。包括太原西山、东山、汾西、霍州、离柳、乡宁、霍东、石隰矿区，煤炭可采储量 192 亿 t。

西山矿区位于西山煤田西北部，分为前山区和后山区两部分，可利用储量 65.2亿 t。汾西矿业集团公司前身是汾西矿务局，成立于 1956 年 1 月，其矿区横跨霍西、河东、西山、沁水四大煤田，井田面积 625 km^2，地质储量 58 亿 t。霍州矿务局位于山西省中南部临汾盆地北端，地处霍西煤田中部，其矿区总面积为 700 km^2，地质储量 65 亿 t。

2.1.1.3 晋北煤炭基地

晋北煤炭基地是我国特大型动力煤基地，位于山西省省会太原以北地区，包括大同市、朔州市、忻州市、太原市、娄烦县、吕梁市和岚县，由大同、平朔、朔南、轩岗、河保偏和岚县等 6 个矿区组成。这里动力煤资源丰富，又位于“西电东送”北通道中枢位置，正在推进由动力煤基地向煤电基地转变。

平朔矿区是晋北基地的主要矿区，生产优质动力煤，拥有煤炭资源总量近 95 亿 t。平朔矿区现有安太堡和安家岭 2 个露天矿以及安家岭一号、二号 2 个井工矿，在建的有安太堡井工矿，还在筹建的有东露天煤矿。

大同市矿藏资源丰富，是我国著名的“煤乡”，煤炭储量大、质量好、热值高，已探明的煤炭总储量达 376.9 亿 t，是我国重要的优质动力煤生产基地。大同矿区

位于大同市西南，矿区含煤面积约 1 827 km^2，矿区现有生产煤矿 55 处，设计总规模 4 500 万 t/a。

2.1.2 陕北煤炭基地

陕北煤炭基地位于黄土高原的陕北地区，是我国重要的煤炭基地。榆神、榆横矿区隶属于国家 14 个大型煤炭基地之一的陕北基地。1996 年陕西煤田地质局一八五队就已开始对榆神矿区进行详查。

榆神矿区位于神府矿区南部，面积为 5 500 km^2，探明储量 301 亿 t，矿区可采煤层 13 层，其中主要可采煤层 4 层，主采煤层厚度平均为 10 m，最厚可达 12 m。榆神矿区是国内外罕见的可建设特大型现代化矿区的、条件优越的矿区之一。

榆横矿区一期规划区是榆神矿区的一部分，南北宽约 29.38 km，东西长约 32.40 km，含煤面积 925 km^2，地质储量 160.8 亿 t。矿区规划总投资 104.746 亿元，计划总共建设 23 个矿井，其中开发 16 个，7 个备用。榆横矿区以中部的无定河为界分为南、北两个矿区，规划的榆横矿区(北区)东西宽约 50 km，南北长约 60 km，面积约 3 200 km^2，其中含煤面积 2 700 km^2，可采储量约 188.89 亿 t。矿区建设总投资 202.626 亿元，其中规划开发 11 个矿井，新建 7 个、改扩建 1 个、备用 3 个。

2.1.3 黄陇煤炭基地

黄陇煤炭基地包括彬长(含永陇)、黄陵、旬耀、铜川、蒲白、澄合、韩城、华亭矿区。陕西黄陵、甘肃华亭等相近矿区探明储量近 150 亿 t，具备建设大型煤炭基地的条件。

黄陵矿区煤炭储量丰富，煤田总面积 1 000 km^2，地质储量 20 亿 t，可采储量 15 亿 t，地质构造简单，埋藏较浅，开采方便。华亭矿区作为黄陇基地的重要组成部分，已形成了 2 000 万 t/a 的煤炭生产能力。

2.1.4 宁东煤炭基地

宁东煤炭基地位于银川东部的灵武，该区域优质无烟煤储量达 273 亿 t。宁东能源重化工基地规划区面积 645 km^2，主要包括鸳鸯湖、灵武、横城 3 个矿区，石沟驿井田和煤化工项目区，远景规划面积约 2 855 km^2。宁东基地也是宁夏回族自治区最重要的能源建设项目。

宁夏以新建宁东煤田为基础，建设宁东能源重化工基地，项目计划实施周期15年，预计总投资2 055亿元。建设宁东能源重化工基地是大力发展和推广洁净煤技术、落实国家“西电东送”战略方案的重大举措。正在建设的宁东煤田，探明煤炭储量270多亿t，占宁夏煤炭资源总量的85%。按规划，宁东能源重化工基地初步建成后将形成火电装机容量1 500万kW、年产煤炭间接液化产品1 000万t、年产煤基二甲醚200万t和年产甲醇170万t的生产能力。

2.1.5 神东煤炭基地

神东煤炭基地以神府、东胜矿区为主。神府煤田位于陕西榆林，面积约2.6万km^2，煤矿储量达1 349.4亿t，其与内蒙古东胜煤田连为一体，是我国规模较大的优质造气动力煤田。东胜煤田位于内蒙古自治区鄂尔多斯市境内，面积12 860 km^2，探明储量2 236亿t，是我国已探明储量最大的整装煤田，占全国已探明储量的1/4，属世界八大煤田之一。神府-东胜煤田的煤为世界少见的优质动力煤，尤以煤田南部为最佳。2005年神华集团神东分公司原煤产量突破1亿t，成为全国第一个亿t级安全高效绿色煤炭基地。在亿t煤炭基地规划中，神东煤田地区占到8个矿区，分别是神东矿区、神府新民矿区、榆神矿区、榆横矿区、渭北矿区、彬长矿区、宁东矿区、平朔矿区，神东矿区已率先建设成为我国第一个亿t级煤炭生产基地。

神华集团是我国最大的煤炭公司，2004年，神华集团原煤产量居全球第5位。神东分公司是神华集团的“长子”。神东矿区开发20年来，取得了巨大的成就，其原煤产量连续6年以千万吨速度递增，这在世界煤炭发展史上极为罕见。神东分公司建成了以大柳塔煤矿、补连塔煤矿、榆家梁煤矿、上湾煤矿等为代表的7个千万t级矿井群和3个千万t级综采工作面。其中大柳塔煤矿年产原煤超过2 000万t，被誉为“世界第一矿”。仅用10个月建成的千万t级的榆家梁煤矿创造了世界同类矿井建井史上的纪录，成为世界上一井一面产量最高的矿井之一。只有100人的哈拉沟煤矿年产原煤1 000万t，成为我国乃至世界上首个百人千万t级煤矿。

2.1.6 新疆煤炭基地

新疆煤炭预测储量2.19万亿t，占全国预测储量的四成以上。因受地理条件限制，现阶段还没有大规模开发，随着内地煤炭资源的日益枯竭，新疆煤炭变得越来越惹眼。

在国家政策和大量资金的推动下，新疆煤炭开发和煤电基地建设不断提速，新疆维吾尔自治区政府也提出将加快建设准东、伊犁、吐哈、库拜四大煤电、煤化工、煤焦化基地和乌鲁木齐、三道岭等13个重点矿区，打造千万t级矿井和亿t级大型矿区的规划。

新疆煤炭产业要改变现有企业规模小、实力有限的局面只能借助外力，鼓励内地大型煤炭企业进新疆开发煤电以及煤炭化工业，有序、有效开采是现阶段比较可行的途径。新疆的煤炭资源是最后一块处女地，要从国家安全大局、能源安全和可持续发展的角度出发，要有规划、有步骤地开发。

在中国东部煤矿区资源量大幅减少的背景下，新疆已成为中国重要的能源接替区和战略能源储备区。

2.1.7 蒙东煤炭基地

蒙东（东北）基地包含五九、准哈诺尔、查干淖尔、吉日嘎郎、哈日高毕、赛汗塔拉、绍根、扎赉诺尔、胡列也吐、宝日希勒、伊敏、五一牧场、诺门罕、霍林河、农乃庙、贺斯格乌拉、白音华、高力罕、道特淖尔、乌尼特、五间房、巴彦胡硕、巴其北、吉林郭勒、白音乌拉、那仁宝力格、胜利、巴彦宝力格、阜新、沈阳、鸡西、七台河、双鸭山、鹤岗等34个矿区，涉及内蒙古自治区的赤峰、通辽、呼伦贝尔和锡林郭勒盟，黑龙江省的鹤岗、鸡西、七台河和双鸭山，辽宁省的沈阳、阜新、锦州和辽阳等12个市。基地煤炭资源丰富，探明储量为1 948亿t。

2.1.8 冀中煤炭基地

冀中煤炭基地包括开滦、邯郸、邢台、峰峰、平原等5个矿区，涉及河北省的邯郸、邢台、唐山、廊坊和沧州5个市。冀中地区探明煤炭储量150亿t，可采储量20亿t以上。

河北金牛能源集团于2005年12月由邢台矿业集团、邯郸矿业集团联合重组而成，后又兼并重组了井陉矿务局、中煤河北煤炭，现辖有金牛能源股份公司、邢矿集团公司、邯矿集团公司、张矿集团公司、井矿集团公司、机械装备集团公司6个子公司，拥有河北邢台、邯郸、井陉、张家口和山西晋中5个矿区、21座生产矿井。企业煤炭生产规模为2 200万t/年，年销售收入为150亿元。

2008年6月，河北省政府决定金牛能源集团与峰峰集团合并组建冀中能源集团，努力实现优势互补、做大做强。

2.1.9 鲁西煤炭基地

鲁西煤炭基地覆盖巨野、济宁、黄河北等 3 个矿区，涉及山东省西部的济南、济宁、泰安、德州、聊城和菏泽等 6 个市，探明煤炭储量为 160 多亿 t。

2.1.10 河南煤炭基地

河南煤炭基地包括鹤壁、焦作、义马、郑州、平顶山、永夏等 6 个矿区，涉及河南省的商丘、郑州、洛阳、平顶山、许昌、三门峡、焦作、新乡、济源、鹤壁和安阳 11 个市，河南省已探明的煤炭资源储量为 1 130 亿 t，保有储量为 245 亿 t。

2.1.11 两淮煤炭基地

两淮煤炭基地包括淮南、淮北矿区，涉及安徽省淮南、淮北 2 个市。该基地探明煤炭储量近 300 亿 t。2020 年煤炭年产量达 1.5 亿 t，火电装机容量达 2 000 万 kW。

最近几年，安徽省向两淮煤炭基地投入了 700 亿元巨资来推动煤炭企业全面转型，用于续建及新建 17 个煤炭建设项目、13 个电力建设项目、9 个煤化工项目，两淮地区成为华东地区最大的能源供应基地。

2.1.12 云贵煤炭基地

云贵煤炭基地包括六枝黑塘、普兴、黔北、织纳、水城、发耳、盘江、恩洪、镇雄、庆云、老厂、跨竹、小龙潭、昭通等 16 个矿区，涉及云南省的曲靖、昭通和红河，贵州省的六盘水、安顺、黔西南、遵义、毕节，四川省的泸州和宜宾等共 10 个设区市。云贵两省是我国南方重要的煤炭生产基地，煤炭资源是两省的一大优势，但长期受“以运定产”的生产销售方式困扰，煤炭生产受到极大限制。贵州省已经初步探明南、北盘江腹地煤炭储量 330 亿 t，其中可就近通过水运的煤炭储量达到 92 亿 t。云南省的文山、红河两州煤炭储量超过 50 亿 t。

该基地范围内地表水系比较发育，河网密度大，岩溶水分布广泛，地下暗河、泉水发育，水资源十分丰富。目前该区水资源的开发利用程度较低，矿区用水以就近利用地表水为主，也有少量的矿井排水被利用，各矿区生产生活用水一般能够就地满足。

2.2 全国煤炭基地水文地质条件

我国煤炭资源十分丰富且地域分布辽阔，但煤矿床水文地质条件复杂。煤炭开采过程中需排出矿井水，经处理后可形成矿井水资源。由于煤矿床所处的地域和气象条件存在差别，地质构造差异性较大，因而其矿床水文地质条件也具有明显的地域性特征。矿井水资源量的多少与煤矿区地下水资源赋存特征有关，对矿井水的利用需分析煤炭基地水文地质状况。

2.2.1 晋东、晋中和晋北煤炭基地

根据晋东、晋中和晋北煤炭基地所在的山西矿区的煤层与含水层的组合关系和几十年来煤田勘探、生产、研究成果，将与煤田开采有关的含水层划分为孔隙含水层、裂隙含水层、岩溶含水层。

水文地质条件的复杂程度、矿井涌水量大小，主要由含水层的岩性结构、含水层层数、稳定性、厚度、补给来源、降水量大小、地质构造与区域主要含水层水位的关系及其与地表水的联系等综合因素来决定。

山西矿区自北而南的水文地质条件呈现由简单向复杂的变化规律。大同、宁武煤田和河东煤田北部，水文地质条件简单，局部较复杂。沁水、霍西、西山煤田含水层多，含水性较强，降水量较大，所以水文地质条件中等，局部如霍州、东山矿区等比较复杂。从垂直剖面分析，自上而下即由浅到深，含水性具有由弱到强的变化趋势，即煤系顶板砂岩和煤系砂岩、石灰岩含水性弱，局部中等，煤层底部下奥陶系石灰岩含水性强。此外水文地质条件还与区域地下水位和河床侵蚀基准面密切相关。例如，位于侵蚀面以上，煤系顶部有些含水层成为透水层，含水性极弱，所以很多煤矿开采时没有水。这为山间煤矿的开采创造了十分有利的条件，大同煤田、宁武、河东田北部地段不少煤矿即属于此类型。

根据水文地质条件，各含水岩组特征松散层可以划分为南、北两部分。

2.2.1.1 北部含水层

北部含水层特征主要为：大同、宁武煤田，河东煤田北部，即阳曲、盂县、东西构造带以北，按行政区分为雁北、朔州、大同和忻州广大地区，煤系含水层有大同组、山西组和太原组砂岩裂隙含水层，其上覆为云冈组、石盒子组砂岩裂隙含水层，下伏奥陶系岩溶裂隙含水层。

云冈组裂隙含水层位于大同组煤系顶部，为灰白、黄色厚层状中粗粒砂岩组成，局部含砾石，泥质胶结，易风化，表面常见风蚀溶洞，节理裂隙较发育，交错层理明显。底部为含石英鹅卵石砂岩，厚度一般为 15～20 m，为大同组三号煤直接顶板，由于位于侵蚀面以上，含水性极弱。

大同组裂隙含水层全厚 80～250 m，以砂质泥岩、细砂岩、粉砂岩互层为其特征，交错层理，裂隙发育。根据煤系岩性特征和煤层关系，含水层可分为上、下两段。上段岩性以粉砂岩为主，其次为中细砂岩，含水层有两层，上层厚度 8～25 m，位于二号煤以上；下层位于二号至八号煤之间，厚 8～35 m，钻孔涌水量为 0.01～0.5 m^3/h。下段岩性以粉砂岩为主，局部为中细砂岩，含水层有两层，上层厚度 7～25 m，涌水量为 0.005～0.62 m^3/h；下层厚度 5～49 m，涌水量为0.005～0.02 m^3/h。

永定庄组砂岩裂隙含水层位于大同组煤系底部，岩性为中粗砂岩、含砾粗砂岩为主，夹细砂岩、粉砂岩、砂质泥岩，全厚 140～211 m，胶结疏松，节理裂隙发育。含水层可分为上、下两层，上层厚度为 16 m 左右，单位涌水量为 0.000 76 L/(s·m)，含水极弱；下层厚度为 5～73 m，岩性以厚层含砾粗砂岩为主，中砂岩为次，据大同矿区 J_{34}孔抽水资料，含水层厚度为 45.5 m，涌水量为 8.3～10 L/s。

石盒子组砂岩裂隙含水层位于山西组煤层顶部，为煤系上覆主要含水层，含水层厚度为 28～69 m，主要为中粗砂岩、含粗砾砂岩，胶结疏松，节理裂隙较发育，在构造或地形条件有利地段有小泉出露。据钻孔抽水试验，单位涌水量为 0.001 4～0.009 L/(s·m)。在平朔矿区，钻孔曾有自流现象，但涌水量小；其他地区大部分位于侵蚀面以上，基本不含水。

山西组砂岩裂隙含水层主要为底部砂岩，岩性为砂质泥岩、砂岩和含砾砂岩，为四号煤顶板，其间有 3～18 m 原砂岩。据大同矿区钻孔抽水，含水层厚 5～14 m，单位涌水量为 0.000 87 L/(s·m)，透水性弱；平朔矿区钻孔单位涌水量为 0.005～0.104 1 L/(s·m)，局部水位高出地面，其单位涌水量为 0.84 L/(s·m)。

太原组砂岩裂隙含水层岩性以中砂岩、粗砂岩和砂砾岩为主，厚度为 13～43 m。大同矿区钻孔单位涌水量为 0.000 19 L/(s·m)，平朔矿区钻孔单位涌水量为 0.003 4～0.005 3 L/(s·m)。

岩溶裂隙含水层主要为煤系基底奥陶系灰岩。大同煤田北部位于沉积边缘，缺失峰峰组，上、下马家沟组也不全，南部沉积较全。由于位于煤系底部，埋藏深，出露少，水位深，补给条件差，透水性弱，中间又有本溪组隔水层，除边山构造断裂带外，与煤层开采没有水力联系。北部含水性极弱，钻孔及泉水流量仅 0.29～2.55 m^3/h。

2.2.1.2 南部含水层

南部含水层特征以 38°N 断裂带为界，即盂县—娄烦—临县一线以南，主要为西山、霍西、沁水、河东煤田南部，含煤地层主要为山间组、太原组，上覆含水层为石盒子组砂岩裂隙含水层，下伏为奥陶系岩溶裂隙含水层。

石盒子组砂岩裂隙含水层为山西组煤层上覆含水层，主要为底部中粗粒砂岩，层位稳定，厚度为 4～14 m，节理裂隙发育，含水性较弱，有利小泉出露，流量小于 0.5 L/s，局部可达 1～4 L/s，但季节性变化大。据钻孔抽水实验，西山矿区单位涌水量为 0.001 9～0.087 L/(s·m)，潞安、晋城矿区为 0.000 5～0.002 L/(s·m)，武乡矿区为 0.009～0.5 L/(s·m)，霍州矿区为 1～6.96 L/(s·m)。在构造有利地段，钻孔有自流现象，如太原东山一带，但水量小，属弱含水层。

山西组砂岩裂隙含水层主要为三号煤顶板砂岩，含水层厚 10～20 m，顶板砂岩层位稳定，厚度 1.2～13 m，一般在 6 m 左右，为上组煤开采主要充水水源之一。在基岩裸露区有泉出露，流量为 0.1～1 L/s。潞安矿区单位涌水量为 0.002 2～0.017 L/(s·m)；西山矿区单位涌水量为 0.001 3 L/(s·m)；晋城矿区单位涌水量为 0.000 4 L/(s·m)，矿井排水量为 83 万～117 万 m^3/a；霍州矿区单位涌水量为0.02～0.631 L/(s·m)，矿井排水量为 51 万～250 万 m^3/a。

太原组灰岩裂隙岩溶含水层主要为 K_2、K_3、K_4、K_5 等 4 层石灰岩，层位稳定，分布广泛；由于埋深和所处构造位置不同，含水性差别大，一般是埋深浅，含水性强，愈深愈差。K_2灰岩为十五号煤直接顶板，厚度一般为 4～9 m，K_4灰岩厚 1～5.5 m，K_5灰岩一般厚 1～3.5 m，K_2灰岩为下组煤主要充水来源。此外砂岩也含水，有泉水出露，流量小于 1 L/(s·m)。武夏矿区单位涌水量为 0.02 L/(s·m)，潞安矿区为 0.002 6～0.35 L/(s·m)，阳泉矿区为0.006～0.41 L/(s·m)，西山矿区为 0.043～0.021 6 L/(s·m)，东山矿区为 0.003～0.044 L/(s·m)，晋城矿区为 0.056～3.73 L/(s·m)，霍州矿区为 0.079～3.16 L/(s·m)。

中奥陶统岩溶裂隙含水组为煤系基底，含水层主要为奥陶系灰岩。与煤层可能发生水力联系者，主要为中奥陶统峰峰组灰岩，其次为上马家沟组灰岩，下马家沟组在大断裂带也可能局部有水力联系。峰峰组岩溶裂隙含水组岩性为灰黑色中厚层状灰岩，全厚 90～170 m，一般为 120 m 左右。含水层为第二段灰岩，厚为 30～50 m，岩溶裂隙比较发育，主要为溶孔、溶隙和蜂窝状溶洞；在河谷及裸露地段可见大溶洞，但顶部由于长期风化溶蚀，裂隙大部被充填，含水性差。含水层段主要位于二段中下部，特别是一、二段接触带。据抽水试验，西山矿区单位涌水量为 0.084～1.11 L/(s·m)，东山矿区为 0.024～46 L/(s·m)，潞安矿区为 0.27～37.06 L/(s·m)。阳泉矿区钻孔岩溶发育呈蜂窝状小洞，孔隙率达 25%～30%，溶洞率为 10%～20%。在径流区和排泄区溶孔、溶隙发育，局部地面可见溶洞，洞高为 0.5～2 m，最大达 2.7 m。在补给山区可见 2～10 m 的溶洞。钻孔单位涌水量为 1～5 L/(s·m)，构造有利地段含水性强，单位涌水量达到 22.69 L/(s·m)。霍州矿区钻孔单位涌水量为 1.69～19.24 L/(s·m)。上马家沟组岩溶裂隙含水组岩性以灰黑厚层石灰岩为主，夹有灰色条纹，故名为花斑状灰岩，夹有 5～6 层白云薄板状灰岩，层理明显，岩溶节理裂隙发育，多为溶孔、溶隙和蜂窝状溶洞，局部可见大溶洞，全层厚度 170～300 m，一般为 230 m 左右，含水层为二、三段灰岩，厚度为 20～40 m。据长治地区水源井资料，单井出水量为 1 000～2 000 m^3/d，水位埋深 250～300 m；霍州矿区单位涌水量为 3.28～77.63 L/(s·m)；晋城矿区为 6.4 L/(s·m)；阳泉矿区为1.62～21.03 L/(s·m)；西山矿区为 0.67～2.94 L/(s·m)；东山矿区为 1.29～77.23 L/(s·m)，一般为 2～25 L/(s·m)。下马家沟组岩溶裂隙含水组岩性为灰黑色巨厚层状质纯石灰岩，局部夹薄层泥质灰岩，下部夹有角砾状灰岩，顶部层理明显，中下部岩溶裂隙发育，并有小溶洞，裂隙宽 2～5 mm，一般呈半充填状态，充填物为肉红色黏土和灰岩碎屑、方解石脉。经薄片鉴定为泥质结构，方解石含量在 90%以上，CaO 占 51.35%～54.13%，SiO_2 为2.10%～4.92%，MgO 为 0.75%～1.25%，具微层理结构；裂隙较发育，宽 0.02～0.08 mm；虫迹构造亦较发育，直径为 0.3～0.5 mm。上述微裂隙、微层理和虫穴相互切穿，形成了微观的网络状通道，在地下水的循环溶蚀作用下，裂隙溶洞加宽，为地下水的储存与运动创造了有利条件，成为主要含水层之一。据潞安钻孔抽水试验，辛安泉排泄区单位涌水量为 0.46～29.5 L/(s·m)；霍县郭庄泉排泄区为 56 L/(s·m)；西山矿区兰村为 13.74 L/(s·m)；东山矿区枣沟区为 52～277 L/(s·m)；阳泉娘子关泉为 5.03～32.8 L/(s·m)。

煤系含水层中地下水的补给、径流、排泄相互联系。地下水补给，主要为大气降水入渗；其次在局部地段有河流渗漏补给；再次，在不同地层、不同地段局部有侧向补给。在垂直方向上一般是浅部含水层补给深部含水层。因为煤系地层为含水层与隔水层互层，在一定深度内含水层埋藏愈深，水位愈深。但在构造破坏地带，局部也有深部含水层补给浅部含水层的情况，如向斜和单斜构造。煤系含水层有这种现象，如遇断裂构造带，则补给关系可能局部发生变化。地下水的排泄有 3 种情况：一是在河流沟谷切割地段形成小泉排向河谷；二是侧向排向平原区，如大同、西山煤田；三是向深层排泄，通过断裂带排泄下伏岩溶含水层成为岩溶泉水的组成部分，如宁武煤田排向下马泉和神头泉，西山煤田排向汾河兰村、晋祠泉寺，霍西煤田排向郭庄泉、龙子祠、广胜寺等，沁水煤田排向娘子关泉、辛安泉、三姑泉和延河泉等，河东煤田排向黄河天桥泉、柳林泉等。径流区位于补给区与排泄区之间，其径流方式为裂隙网络式，主要为层流运动，在煤田范围内为典型的层间裂隙水。但在构造带，特别是大断裂带，则可切穿各含水层，形成较强径流带，导致各含水层发生水力联系。

2.2.2 陕北、黄陇、宁东、神东煤炭基地

陕北、黄陇、宁东、神东煤炭基地所在的鄂尔多斯矿区，其地下水赋存与分布受地貌、构造、地层岩性、水文气象等多种因素的综合制约。松散层萨拉乌苏组孔隙含水岩组、白垩系砂岩含水岩组和碳酸盐岩裂隙岩溶含水岩是主要供水目的层。

2.2.2.1 松散覆盖层孔隙含水岩类

全区均有分布，主要由第四系松散堆积层及局部地区成岩作用差的松散的古近系和新近系地层所组成，地下水主要在砂、砂砾石层孔隙及黄土的裂隙、孔隙及孔洞间运动。

(1) 河套平原。分布在黄河河岸，黄河古道以中砂和中粗砂为主，厚度由东向西增大，由 10 m 增至 40 m。水位埋深一般为 2～3 m。局部地段单井最大出水量大于 1 000 m^3/d。其余地段单井最大出水量大于 100 m^3/d，矿化度大于 2 g/L。

(2) 银川平原。含水层岩性主要为细砂、洪积与冲积砂卵砾石，含水层厚度为 1～60 m，水量较丰富，水质良好。单井出水量局部大于 1 000 m^3/d，大部分地段小于 100 m^3/d。水质变化较大，矿化度由小于 1 g/L 至大于 10 g/L 不等。

(3) 鄂尔多斯高原。松散层孔隙含水岩组由第四系风积-冲湖积砂岩（萨拉乌苏组）含水层组成。第四系萨拉乌苏组冲湖积砂岩含水层具有供水意义，该含水层主要分布在定边至靖边一线以北、鄂托克旗—鄂托克前旗一线以东、伊金霍洛旗以南地区。岩性为细砂、粉砂、亚黏土、亚砂土。由于沉积时受古地形制约，各地厚度差异较大，一般在古沟槽及低洼中心沉积最厚，向两侧逐渐变薄，至分水岭处尖灭。榆神矿区内部厚度一般在 60 m 以上，陕西、内蒙古交界处最厚达

144.75 m；大保当一带最厚达 67.30 m，一般为 20 m；矿区北及西北较厚，东及南部较薄，其厚度虽各地不一，但总体还是连续分布。含水层粒度在南北方向上变化不明显，东西方向上是东细西粗。含水层水位埋藏较浅，一般为 2～27 m；由于受地形地貌及岩性、厚度及补给范围的制约，含水层渗透性与富水性各地亦差异很大。含水层渗透系数多为 1～6 m/d，平均为 4.53 m/d。在相同条件下，含水层厚度大的地方富水性较好，单井涌水量多在 1 000 m^3/d 以上，最大可达到 3 000 m^3/d，含水层薄的地方仅 200～300 m^3/d。地下水矿化度为 0.2～1.0 g/L，多为 HCO_3—Ca 或 HCO_3—Ca・Mg 型水。含水层地下水主要接受大气降水入渗补给，占总补给量的 95%。地下水流动方向受地形控制，从西北向东南流动，以泉和渗流的方式排泄。

（4）陇东、陕北黄土高原。含水层主要分布在河谷、黄土塬区、台塬区、黄土梁峁区。河谷地带含水层岩性以砂卵石为主，厚度一般为 1～15 m。含水层厚度小于 1 m，单井出水量小于 100 m^3/d；含水层厚度大于 3 m，单井出水量可达 200～500 m^3/d。黄土塬区、台塬区、黄土梁峁区，含水层岩性主要为中更新统离石黄土，其间夹有多层砂质含量较大的黄土及十几层古土壤与钙质结核层。在黄土塬区、台塬区，中心部位含水层厚度为 20～80 m，至塬边尖灭。含水层一般埋深 30～100 m，单井出水量一般为 100～500 m^3/d，局部地段单井出水量大于 1 000 m^3/d，塬区潜水水质为淡水。黄土梁峁区地形破碎，含水层厚度各地差异很大，为 2～75 m 不等。水位埋深在斜坡处较小，一般为 30～94 m，梁峁顶部多大于 100 m。水量贫乏，梁峁边坡处出水量一般小于 20 m^3/d，水质一般较好。

（5）渭北低山丘陵区（乾县—淳化、耀州区—韩城）。含水层岩性以砂砾石、砂层及亚黏土为主，主要分布于河谷及较大支流的局部地段。含水层厚 3～35 m，透水性强，水位埋深变化较大，河漫滩、一级阶地地下水位埋深 3～10 m。富水性主要受补给强度、含水层分布的连续性及厚度控制，不同河谷、不同地貌部位富水性变化较大，大者可达 1 000 m^3/d，小者不足 100 m^3/d。矿化度 0.26～0.62 g/L，为 HCO_3—Ca 或 HCO_3—Ca・Mg 型水。

（6）关中盆地。主要分布于渭河及其较大支流的河谷阶地地带。含水层厚度、岩性、富水性在不同地段有较大差别。渭河高河漫滩及一级阶地含水层主要为砾石、砂卵石，一般厚 30～80 m，水位埋深一般为 2～8 m，单井出水量为 10～3 000 m^3/d；渭河北岸二、三级阶地及支流河谷阶地含水层主要为亚砂土、亚黏土及粉细砂，一般厚 10～40 m，水位埋深一般为 3～30 m，单井出水量一般为 60～

250 m^3/d。

通过以上分析可知，位于鄂尔多斯高原的榆神矿区、榆横矿区、万利矿区和神东矿区西南部的松散层孔隙含水层富水性较好，含水层段为萨拉乌苏组冲湖积砂岩。榆神矿区、榆横矿区东部与松散层孔隙含水层地下水供水目标区重叠；其他规划矿区松散层孔隙含水层富水性弱。

2.2.2.2 碎屑岩(层状基岩)裂隙含水岩类

含水层主要为白垩系、侏罗系、二叠系、石炭系地层中的砂岩、砾岩、砂砾岩及其间的灰岩夹层。

前白垩系孔隙裂隙水含水层主要分布在鄂尔多斯盆地东部以及耀州区—韩城、桌子山一带。规划矿区内仅发育二叠系和石炭系砂岩裂隙含水层，含水层在矿区内零星出露于河流、沟谷中，各含水层之间常被分布普遍、厚度较稳定的泥岩、砂质泥岩所隔，含水层埋藏较深，补给条件较差，裂隙发育程度不均一，一般情况下，水量不大，大部分地段单井出水量小于 100 m^3/d，富水性较弱，但埋藏浅或构造适宜部位富水性中等到强。准格尔矿区、府谷矿区、乌海矿区、包头矿区、韩城矿区、澄合矿区、蒲白矿区、铜川矿区南部、石嘴山矿区、石炭井矿区开采煤层之上分布有该含水层。

白垩系裂隙含水层富水性较好，是影响煤层开采的主要含水层。

陇东、陕北黄土高原白垩系裂隙含水层，其岩性是一套多层结构的、以泥岩为主的湖泊相及沙漠相沉积，沙漠相砂岩是地下水的主要富水层。

(1) 陇东黄土高原。潜水主要分布于子午岭附近及边缘地段，呈条块状分布于各沟谷川区中。在子午岭附近深度为 129.1～155.1 m，向南变浅为 7～46 m。富水性一般较差，单井出水量以小于 100 m^3/d 为主。承压水水位埋深因地形及上覆地层岩性而异。塬梁峁顶部埋深均大于 100 m。泾河、马莲河河谷的中下游地段，地势低洼，是陇东盆地的地表水与地下水径流的汇集区，属中等富水地段，单井出水量为 100～1 000 m^3/d；陇东盆地间南部，单井出水量多小于 100 m^3/d，属弱富水区。

(2) 陕北黄土高原。潜水主要分布于葫芦河以北地区，含水层岩性为砂岩，含水层厚度一般为 10～70 m；水位埋深在河谷地区较浅，一般小于 35 m，最深 90 m，梁峁地区大于 100 m。其富水性差异较大，一般单井出水量小于 100 m^3/d，局部地段单井出水量可达 500 m^3/d；承压水广布于志丹—太白—马栏一线以西地区。在白于山分水岭地区，顶板埋深 319～386.32 m，水位埋深 67～171.72 m；

在子午岭地区，顶板埋深 383 m 左右，水位埋深 142.81～173.44 m，向南、向东变浅，水位埋深变小，局部自流。分水岭地区富水性弱，单井出水量小于 100 m^3/d；分水岭向东 5～15 km 则单井出水量增至 100～1 000 m^3/d，富水性中等，水质良好。

通过以上分析可知，鄂尔多斯高原白垩系裂隙含水岩富水性以富水和中等富水为主，陇东、陕北黄土高原白垩系裂隙含水层以中等富水为主。万利矿区、榆神矿区、榆横矿区大部分地段白垩系裂隙含水层富水性中等，局部地段富水，矿区内部分地段与白垩系裂隙地下水供水目标区重叠。黄陵矿区、彬长矿区、旬耀矿区、华亭矿区裂隙含水层富水性中等，黄陵矿区和彬长矿区部分地段与白垩系裂隙地下水供水目标区重叠。灵武矿区、马家滩矿区、积家井矿区、鸳鸯湖矿区、萌城矿区、石沟驿矿区含水层富水性弱。

2.2.2.3 寒武—奥陶系裂隙岩溶含水岩组

主要分布于鄂尔多斯盆地周缘之贺兰山—桌子山山地渭北低山丘陵区、准格尔以东黄河谷地、青龙山—云雾山—平凉一带。各时代碳酸盐岩由于岩性特征、组合关系和构造部位不同，岩溶裂隙发育程度差异较大：碳酸盐岩中厚度大、质纯的中奥陶统，岩溶化作用最强，富水性强；下奥陶统、中寒武统以灰岩、白云质灰岩、白云岩为主，岩溶化作用次之，富水性中等；下寒武统、上寒武统及奥陶系各组底部灰岩杂质高，单层厚度小，夹层多，除个别构造裂隙发育段外，一般岩溶化作用微弱，富水性弱或极弱（相对隔水层），但各层之间由于断裂构造的沟通，水力联系密切，组成统一的含水岩体。

(1) 耀州区—韩城一带。该区寒武—奥陶系灰岩分布特点是西厚东薄，总厚度约 2 500 m，区内上马家沟组二、三段和峰峰组二段为强裂隙岩溶含水层组，单井涌水量大于 1 000 m^3/d，最大可达 4 800～6 480 m^3/d。下马家沟组二段和峰峰组三、四段为中等富水的裂隙岩溶含水层组，单井涌水量一般小于 1 000 m^3/d，局部(断裂构造带)大于 1 000 m^3/d。中寒武统张夏组至下奥陶统冶里组和亮甲山组、峰峰组一段、平凉组二段为弱裂隙岩溶含水层组，但在韩城矿区的东边界及白蒲矿区洛河袁家坡泉有排泄段，因受断裂构造的影响，该层段(张夏祖)裂隙岩溶发育，单位涌水量一般为 1.065～8.097 L/(s·m)。下马家沟组一段、上马家沟组一段、平凉组一段为极弱含水层组，可视为相对隔水层。

(2) 乾县—淳化一带。岐山、西崛山等岛状分布的岩溶断块山地，由于山高坡陡，降水多以地表径流散失，富水性一般较差。山地边缘断裂带有利于地下水汇集,溶蚀作用得以加强,得到地表河流补给,形成带状富水区。区内千阳县水沟泉、岐山用公庙泉、礼泉县石泉等泉均分布于山地边缘断裂带上,矿化度为 0.2～4 g/L,主要为 HCO_3—Ca 和 HCO_3—Ca · Mg 型水。南部岩溶山地之间的黄土塬梁丘陵区,下伏基岩为受东西向、北东向、北西向构造控制的古岩溶洼地和凹谷。该区以乾县—永寿为典型代表,地表水网比较发育,沿河谷呈条带状出露于地表的灰岩,在顺河断层与穿河断层分布地段,由地表河流、水库等地表水大量渗漏补给地下水,形成沿河谷分布的带状富水区和沿断层分布的脉状或羽状富水区。区内北部,灰岩埋藏于二叠、三叠系砂页岩之中,地表为碎屑岩侵蚀剥蚀丘陵地貌;构造上为向北倾斜的单斜,缺乏张性蓄水导水构造,富水性普遍较差。渭北褶皱带与断陷盆地(关中盆地)过渡区,东西向断层组使含水层呈阶梯状逐次向南陷落,导致地下水在向北向南径流过程中,因构造作用,促进岩溶水深循环至活动性深大断裂带地下水受阻,产生垂直交替循环,并与深部热源沟通,从而形成沿深大断裂带展布的带状富水区,地表常以集中大泉露头,如烟霞泉、筛珠洞泉等。经钻探证实,大部分地段水资源十分丰富,水头高,水位埋藏浅,便于开采,如岐山 323 号钻孔,揭露寒武系,井深 103.75 m,水位高出地表 5.5 m,单井出水量 117 948 m^3/d,矿化度小于 1 g/L,水质类型复杂,常见有 HCO_3—Na · Mg · Ca、HCO_3—Mg · Na 型水,并且地下水中偏硅酸、锶、溴、碘等微量元素含量较高,水温多为 22～32℃。

(3) 准格尔—府谷一带。含水层以中上寒武统和中下奥陶统灰岩、白云质灰岩及白云岩为主,单井出水量 1 000～5 000 m^3/d,地下水资源丰富。具有自陈家沟门—黑岱沟—偏关东—府谷至保德,由径流区至排泄区,富水性越来越强的特点。矿化度一般为 0.3～0.4 g/L,水质类型为 HCO_3—Ca · Mg 型,府谷一带为 HCO_3 · SO_4—Ca · Mg 型。

(4) 大罗山—青龙山一带。分布于云雾山地表分水岭以北,青铜峡—固原断裂与青龙山—平凉断裂之间。由于寒武奥陶系灰岩岩溶水受北部石炭-二叠煤系地层和青龙山—平凉断裂阻挡,在青龙山北端出露一上升泉,流量达 6.94 L/s,矿化度 4.03 g/L,水温 8℃。于该泉南偏西 1.3 km 处一钻孔,孔深 280.9 m, 0～11.69 m 为第四系细砂、石灰岩角砾覆盖层,以下均为奥陶系灰岩,岩芯有溶蚀现象,溶蚀面积最大可达 35 cm^2;钻至 31.58 m 处发生严重漏水,耗水量大于 10.2 m^3/h;含水层顶板埋深 30.50 m,含水层厚 119.57 m,水位埋深 21.09 m,抽水降深0.073 m,涌水量 361.46 m^3/d,矿化度 4.11 g/L。该孔抽水 1 d 后,北边上升泉流量减少 2.1 L/s，从而证明该地段灰岩蕴藏有丰富的裂隙岩溶水，富水性强。据水文地质条件推断，青龙山东麓富水性中等；双井一带为岩溶裂隙水的补给区，富水性弱。

(5) 桌子山一带。在桌子山背斜两翼有灰岩出露。由于区内受南北向和东西向西组构造线切剖，构造裂隙比较发育，为大气降水渗入补给而形成裂隙水创造了极为有利的条件，加之奥陶系灰岩岩溶较发育，为裂隙岩溶水分布富集奠定了基础。地下水水位埋深小于 70 m，泉流量小于 45.40 L/s。据卡布其一带的钻孔资料，潜水位埋深 11～12 m，含水层厚约 60 m，单井最大出水量为 1 000～2 500 m^3/d，矿化度小于 1 g/L，为 HCO_3—Ca · Mg 型水。

通过以上分析可知，准格尔矿区、府谷矿区、韩城矿区、澄合矿区、蒲白矿区、铜川矿区寒武—奥陶系裂隙岩溶含水岩富水性以富水为主，局部地段富水性中等，乌海矿区含水层富水性中等。

2.2.2.4 火成岩、变质岩(块状岩类)裂隙含水岩类

由不同时期不同性质的火成岩、块状构造的变质岩及太古宇至古生界片麻岩组成，其特点是受构造和风化裂隙所控制，有顺断裂带、节理密集带和风化带富集的规律性。除局部地段外，富水性一般较弱，除北部受气候影响，局部水质较差外，一般水质较好。主要分布于贺兰山北部和桌子山。构造裂隙发育，地下水接受大气降水入渗补给，沿沟谷排泄，补给沟谷潜水，故地势较高地区富水性弱，沟谷潜水单井涌水量一般小于 50 m^3/d，矿化度多小于 0.5 g/L。该含水层在规划矿区内无分布。

2.2.3 蒙东煤炭基地

按含水介质类型及地下水在介质中的赋存状态可将蒙东基地含水层划分为 3 个：第四系松散层孔隙含水层、煤系含水层组、火山岩风化裂隙带含水层。地下水赋存与分布受地貌、构造、地层岩性、水文气象等多种因素的综合制约。第四系松散层孔隙含水层为主要供水目的层。

第四系松散层孔隙含水层覆盖于煤系地层之上。扎赉诺尔矿区和伊敏矿区全区普遍发育，其他矿区该含水层分布于海拉尔河、莫勒格尔河、锡林河、高力罕河、彦吉嘎河两岸。含水层岩性以粉细砂、黏土或亚黏土、砂砾石、砂砾、卵砾、粗砂、中砂为主，河谷地带含水层岩性以砂砾石夹砂层为主。粉细砂饱和时呈流动状态，其渗透系数为 3～8 m/d。含水层厚度不均，胜利矿区最大厚度达 88 m，白

音华矿区最大厚度为 39.80 m，在林河矿区和平庄矿区厚度一般为 3～30 m，宝日希勒矿区厚度一般为 10～20 m，含水层中上部为潜水，下部为承压水，和煤系地层有水力联系。富水性不均，北部扎赉诺尔矿区、伊敏矿区、大雁矿区、宝日希勒矿区以及霍林河矿区含水丰富，钻孔单位涌水量为 0.143～5.63 L/(s・m)，渗透系数为 0.56～260 m/d；胜利矿区、白音华矿区，钻孔单位涌水量为 0.027 9～0.187 L/(s・m)，渗透系数为 0.564～9.96 m/d，属弱～中等富水性含水层；平庄矿区黄土孔隙含水层富水性弱，钻孔单位涌水量为 0.05 L/(s・m)，河床中洪积孔隙潜水层富水性强，为煤田主要含水层。

煤系含水层组主要指煤层及其顶、底板含水层，岩性以煤层、砂砾岩为主，夹有薄层泥岩、炭质泥岩、粉砂质泥岩及粉砂岩。其中砂砾岩、砾岩结构松散，孔隙发育，而煤层由于构造及风化作用影响裂隙发育。煤层及其顶、底板砂砾岩、砂岩构成复杂的裂隙孔隙含水层组，一般可细分为 3～5 个较稳定的含水层。水力性质均为裂隙、孔隙水。上部风化带煤和砂岩，裂隙发育，与上覆第四系含水层水力联系密切，富水性强，风化带以下，各砂岩层裂隙不甚发育，故含水性和透水性从上至下逐渐减弱。扎赉诺尔矿区、伊敏矿区、大雁矿区含水丰富，钻孔单位涌水量为 0.53～4.05 L/(s・m)，局部地段达 19.245 L/(s・m)；宝日希勒矿区、霍林河矿区、白音华矿区、胜利矿区，钻孔单位涌水量为 0.001～0.607 L/(s・m)，含水层富水性为弱～中等；平庄矿区富水性弱，钻孔单位涌水量为 0.03 L/(s・m)。

火山岩风化裂隙带含水层岩性为上侏罗统兴安岭群(兴仁组、义县组)中酸性熔岩和火山碎屑岩，在矿区外围处大面积裸露，构造裂隙及风化裂隙发育。构造裂隙发育于断层和褶皱带附近，其发育深度受断层和褶皱的规模控制，一般为 10～30 m，在矿区内埋藏较深，富水性弱，单井涌水量小于 5 m^3/h。

阜新、沈阳矿区第四系松散层孔隙含水层较发育，厚度不均，富水性不均。含水层岩性以洪积砾石、粗砂、中～细砂为主，底部为黏土(起隔水作用)，富水性强。例如阜新矿区(阜新区和彰武区)与南票区，钻孔单位涌水量分别为 15～20 L/(s・m)与 3.07 L/(s・m)。含水层顶部粉质黏土沉积较薄，至下由粉砂、细砂、粗砂组成，砂成分以石英、长石为主，分布均匀，质纯，富水性中等。沈南矿区，钻孔单位涌水量为 3.232 L/(s・m)，渗透系数为 6.592 m/d；抚顺矿区，钻孔单位涌水量为 0.841～4.110 L/(s・m)；沈北矿区，钻孔单位涌水量为0.007～0.0577 L/(s・m)，渗透系数为 0.04～0.62 m/d。

沈阳矿区煤层上部为孔隙裂隙含水层，含水层岩性以砂砾岩为主，砂岩次之，遍布比北煤田，直接与第四系底板接触，风化裂隙为主；厚度变化极大，且时有间断，或呈透镜体；砂砾岩的砾石成分主要为花岗岩、玄武岩、石英岩，泥砂质胶结，极易破碎；裂隙发育随深度增加而减弱，富水性至深部逐渐减弱；据各钻孔抽水资料，单位涌水量为 0.001 4～0.74 L/(s·m)，属弱～中等含水层。

鹤岗、鸡西、七台河和双鸭山矿区第四系松散层孔隙水的形成条件受自然地理条件所控制。上有 0～2 m 的腐殖土，其下为粗砂、砾石和卵石层，卵石和砾石约占 30%，砂岩占 70%；地形较平坦，径流条件较差，大气降水通过包气带直接渗入含水层中，为强富水含水层。例如，鹤岗矿区，钻孔单位涌水量为 0.68～3.94 L/(s·m)，渗透系数为 8.2～36.23 m/d；鸡西矿区，钻孔单位涌水量为 5.933 L/(s·m)，渗透系数为 73.1 m/d；七台河矿区，钻孔单位涌水量为 1.45～1.98 L/(s·m)，渗透系数为 14.3～38.6 m/d。含水层主要分布在山间河流两侧的河漫滩上，岩性由黏土、亚黏土、砂砾层、角砾层、粗砂层、中砂层、细砂层组成，富水性中等。例如，双鸭山矿区，钻孔单位涌水量为 0.008 3～7.00 L/(s·m)，渗透系数为 0.552～27.432 m/d。

鹤岗、鸡西、七台河和双鸭山矿区裂隙含水层组透水带主要由粗、中、细、粉各类砂岩组成。该含水层有明显的垂直分带和水平分带规律。垂直分带是指岩层的富水性随岩层埋藏深度增加而逐渐减弱，一般分风化裂隙带和煤层层间含水层。风化裂隙带含水层由各种粒度的砂组成，深度和含水性及透水性因地而异，绝大部分在第四系冲积层覆盖之下，而二者之间没有隔水层，水力联系密切。鸡西矿区，风化裂隙带垂深 70 m，钻孔单位涌水量为 0.24～0.520 L/(s·m)，局部地段为 2.73 L/(s·m)，渗透系数为 0.078～0.798 m/d；煤层层间含水层，钻孔单位涌水量为 0.05～0.10 L/(s·m)。七台河矿区，风化裂隙带垂深 80 m，钻孔单位涌水量为 0.2～0.5 L/(s·m)，局部地段为 7 L/(s·m)，渗透系数为 0.2 m/d，局部地段为 16 m/d；煤层层间含水层，钻孔单位涌水量小于 0.001 L/(s·m)。鹤岗矿区，风化裂隙带垂深 60 m，钻孔单位涌水量为 0.08～0.40 L/(s·m)，渗透系数为0.06～0.5 m/d；煤层层间含水层，钻孔单位涌水量为 0.02～0.55 L/(s·m)，渗透系数为 0.004～1.72 m/d。双鸭山矿区，风化裂隙带垂深 120 m，钻孔单位涌水量0.278 L/(s·m)；煤层层间含水层，钻孔单位涌水量为 0.05 L/(s·m)。水平分带也很明显，即裂隙水的富水性随离河谷距离的加大逐渐减弱。例如，近河谷区的新立矿，矿井平均涌水量 624.4 m^3/h；而远离河谷丘陵地带的东风矿，矿井涌水量为 56.2 m^3/h。

2.2.4 冀中煤炭基地

冀中煤炭基地含水层包括新生界松散岩类孔隙水含水层、碎屑岩类裂隙水含水层和碳酸盐岩类岩溶水含水层。新生界松散岩类孔隙水含水层由新生界的中细砂、砂砾石、卵砾组成，粒度、厚度变化较大。在太行山东南麓、燕山南麓的山前冲淤积倾斜平原、黄河冲积平原及山间盆地厚度大，富水性好；在太行山区及燕山山区含水层薄、富水性差。在宣化矿区一般为 20～50 m，最厚 400 m，水位埋藏浅，埋深 1～35 m，最大流量 2.534 L/s。含水层在山前倾斜平原埋藏较浅，一般为 5～10 m，厚度 30～50 m，富水性较强，单位涌水量一般为 8.3～16 L/(s·m)。碎屑岩类裂隙水含水层主要分布于燕山、太行山山区，一般为岛状零星分布，是由新元古界、下寒武统、石炭系、二叠系、三叠系、侏罗系、白垩系、古近系和新近系的砂岩、页岩组成。大多为风化裂隙含水，其量不大；在砂岩中偶有条件适宜的破碎带裂隙水，其量则相对丰富一些。例如，开滦石炭系赵各庄组、开滦组发育有数层砂岩，裂隙水发育，裂隙含水层富水性中～强，单位涌水量一般为 0.1～0.7 L/(s·m)。碳酸盐岩类岩溶水含水层主要分布在燕山山区的平泉至兴隆一带，青龙以南，迁西与丰润之间；太行山山区的易县至曲阳一带，蔚县以南至涞源之间，获鹿、井陉、邢台以及武安至涉县一带；另在桑干河盆地间亦有零星分布。各个水系均有发育，总面积超过 1.6 万 km^2，主要由中寒武统、上寒武统、下奥陶统、中奥陶统以及中元古界的灰岩、白云岩组成，岩溶裂隙发育，富水性极强，单井水位下降涌水量 20～50 $m^3/(h·m)$，但分布不均，局部可小于 20 $m^3/(h·m)$或大于 50 $m^3/(h·m)$。在主径流带上地下水水平径流极强。在部分地质构造和地形、地貌条件适宜的地点常能形成大泉出露，如威州泉、石鼓泉、百泉、黑龙洞泉、娘子关泉。

2.2.5 鲁西煤炭基地

鲁西煤炭基地含水层包括新生界松散含水层碎屑岩类裂隙含水层、碳酸盐类岩溶含水层、石炭系和奥陶系裂隙岩溶含水层。新生界松散含水层主要为第四系及古近系底部各类砂、砾石层，属冲积，湖积、河流相沉积。含水层厚度及层数由山前向平原逐渐增多。鲁西山区含水层厚度一般小于 5 m；在鲁西平原区新生界厚度达 200～700 m，含水层厚度一般 5～20 m。淄河、大汶河、泗河等山前冲洪积扇及古河道富水性强，其他地区富水性弱。淄博矿区、新汶矿区、枣滕矿区北部含水层薄，厚度 0～30 m，富水性差。肥城矿区第四系厚度 10～120 m，含水层单位涌水量为0.041～0.927 L/(s·m)，富水性弱～中等。黄河北矿区、巨野矿区、济宁矿区、新汶矿区含水层富水性中等～强，黄河北矿区单位涌水量为1.8～3.0 L/(s·m)，巨野矿区0.64 L/(s·m)，济宁矿区0.22～2.79 L/(s·m)，新汶矿区1.2～30.1 L/(s·m)。碎屑岩类裂隙含水层主要为二叠系、侏罗系砂岩、砂砾岩，在淄博、莱芜、临沂、枣滕山区与平原过渡地带出露，富水性一般较弱。矿区内碎屑岩类裂隙含水层系主要有上侏罗统砾岩、太原组三煤顶板砂岩。巨野矿区太原组三煤顶板砂岩厚19.28 m，单位涌水量0.061 6～0.195 L/(s·m)，渗透系数0.099 3 m/d，矿化度0.516 6 g/L；济宁矿区单位涌水量0.015 77～0.690 1 L/(s·m)，渗透系数0.355 1～5.168 6 m/d，矿化度1.914 4～2.388 5 g/L，水质属SO_4·HCO—Ca·K+Na型。规划矿区石炭系发育3～17层薄层灰岩，太原组3～11层，总厚度超过10 m；本溪组一般为2～6层。其中，太原组二灰、三灰、四灰、五灰、十灰和本溪组徐灰及草灰分布较稳定，裂隙较发育，富水性好。肥城L5(编号)灰岩厚度为5.83～12.70 m，单位涌水量8.7～31.25 L/(s·m)，为强含水层。巨野矿区三灰厚2.85～10 m，平均5.87 m，有溶洞，富水性弱～中等，单位涌水量0.000 8～0.140 3 L/(s·m)，十灰单位涌水量0.017 96～0.690 1 L/(s·m)。新汶四灰厚度为6～8 m，单位涌水量4.78 L/(s·m)。鲁西基地鲁中南山区奥陶系含水层厚度大，一般大于700 m，岩溶发育，富水性中等～强，随着奥灰埋深增加，岩溶裂隙发育程度明显减弱，奥灰岩溶裂隙存在着水平分区、垂直分带现象。在济宁矿区，该含水层平均厚度为713.20 m，发育有小溶洞，单位涌水量3.502～4.144 L/(s·m)，属强富水。兖州矿区单位涌水量5.823 L/(s·m)，最高达到10 L/(s·m)。藤县矿区该含水层单位涌水量0.001 25～1.612 L/(s·m)，富水性中等。

2.2.6 河南煤炭基地

河南煤炭基地含水层包括松散层孔隙含水层、山西组大占砂岩含水层、太原组夹层灰岩含水层和中奥陶统灰岩含水层。松散层孔隙含水层分布于河谷地和山前低洼地带，由亚黏土、砂砾石层组成。其中，砂砾石层厚11～88 m，水位标高为199～193.15 m，单位涌水量为0.25～1 L/(s·m)，渗透系数为1.0～19 m/d，富水性较好。本区古近系和新近系泥灰岩溶裂隙发育，上部形成强风化裂隙含水层，并与二煤层顶板砂岩含水层发生密切水力联系，涌入矿坑水量约为0.7 m^3/min。二煤层间接顶板由2～3层灰色细～中粒砂岩组成，厚度15～25 m，水位标高为

184～200 m,单位涌水量小于 0.5 L/(s·m),渗透系数为 0.13 m/d,顶板淋水进入矿坑水量为 1 m^3/min。太原组夹层灰岩含水层出露矿井边缘,本组夹层灰岩共有 9 层,其中 C_3L_1灰岩是一煤层直接顶板,厚约 5 m,C_3L_2灰岩厚约 13 m,C_3L_3和C_3L_4灰岩厚度为 23 m;C_3L_2—C_3L_4为强充水含水层,水位标高为 125.4～133.5 m,单位涌水量一般为 1.0～2.2 L/(s·m),渗透系数为 10.5～15.1 m/d,该层是一煤层开采时的水患含水层。太原组中部C_3L_3灰岩厚度为 5 m,岩溶裂隙发育,富水性极强,其突水量达到 4～8.5 m^3/min。C_3L_6灰岩裂隙不十分发育,富水性较强。C_3L_{7-8}灰岩是二煤层的底板含水层,厚度为 1.6～15.7 m,其间隔水层厚为 10～20 m,该层水位标高为 176～181 m,单位涌水量为 1.5～4.6 L/(s·m),渗透系数为 14.～2.4 m/d,涌入矿坑水量可达 2～16 m^3/min,矿井突水量最大达到 10.5 m^3/min。该层以白云岩为主,厚度为 80～300 m,含水层水位标高为 176～187 m,单位涌水量为 15.～24 L/(s·m),渗透系数为 3.6～38 m/d,岩溶裂隙发育,富水性很强。一煤层下距中奥陶统灰岩 4～10 m,因此一煤层的开采将受中奥陶统水患的严重威胁。

2.2.7 两淮煤炭基地

两淮煤炭基地含水层包括第四系孔隙含水层、二叠系砂岩裂隙含水层(组)、石炭系太原群岩溶裂隙含水层(组)和奥陶系岩溶含水层。第四系孔隙含水层岩性为中细砂、粉砂及黏土,富水性强。在淮北分为 3 个含水层,其中第一、第二含水层(组)含水丰富,水质良好,适作饮用。据宿西区某井田第一含水层(组)抽水试验,水位降深 7.75 m,涌水量 8.34 L/s;宿南区某井田第一、第二含水层混合抽水试验,水位降深 2.91 m 及 2.02 m,单位涌水量分别为 1.382 L/(s·m)及 0.943 L/(s·m),水质类型为 HCO_3—Ca·Mg 型。第四系孔隙含水层是淮南矿区的主要含水层,特别是在潘谢区,厚度在 300 m 以上,钻孔单位涌水量为 0.97～6.18 L/(s·m)。一般情况下,二叠系砂岩裂隙含水层富水性中等,谢桥至丁集井田区富水性相对较强,采掘面单次最大出水量大于等于 200 m^3/h,一次出水累计水量超过10 000 m^3,煤系砂岩裂隙出水对矿井生产安全时常造成影响。其他地区富水性较弱,为静储量十分有限的封存水,单位涌水量一般小于 0.01 L/(s·m)。石炭系太原群岩溶裂隙含水层(组)隐伏于新生界松散层下,与煤系地层二叠系山间组呈假整合接触,石炭系太原群地层总厚 110～120 m,含薄层灰岩 10～14 层,灰岩厚度 55～60 m,占地层总厚度的 50%;自上而下划分为 3 层,上、下层灰岩富水性为中等～强，中部为相对隔水层。奥陶系岩溶含水层奥陶系灰岩富水性强，地面钻孔涌水量一般为 1 000～3 000 m^3/d，井下钻孔单位涌水量可达 1.29～3.22 L/(s·m)。奥陶系灰岩与太原组灰岩之间存在着一定的水力联系，是矿井充水的间接来源，在条件适合时，亦可能直接进入矿井。

2.2.8 云贵煤炭基地

云贵煤炭基地气候温暖潮湿，雨量充沛，为地下水的形成提供了丰富的补给源，地貌及地层的发育特征在一定程度上决定着本区的地下水类型及分布。第四系松散堆积物一般厚度小、分布面积小，且由于地形破碎，易透水而不易贮水，因此除小龙潭及主干河流的河漫滩、阶地外，大部分地区富水性差。上二叠统峨眉山玄武岩组、龙潭组，下三叠统飞仙关组属非可溶性岩层，其中各类碎屑岩类受构造条件控制，含水层富水性不均，一般富水性较差。下二叠统栖霞茅口组，下三叠统永宁镇组，下三叠统关岭组中、上段为区域内可溶性岩层。可溶性岩层含裂隙溶洞水，富水性强，是重要的含水层。本区岩溶发育，岩溶水丰富。从中三叠统到中寒武统，各类可溶岩厚度达 2 000 m 以上，二叠系茅口组、栖霞组及三叠系关岭组、永宁镇组灰岩厚度大、质纯、分布广，岩溶表现为地下管道系统，是本区主要的岩溶水含水岩组，二叠系龙潭组、长兴组夹层灰岩厚度小，岩溶表现为溶蚀裂隙。

松散岩类孔隙水含水岩组岩性多为冲洪积、坡积的亚砂土、亚黏土、砂砾，分布在溪沟、河沟、河谷两岸阶地及山间盆地。由于规划矿区多处于构造剥蚀山区，第四系沉积厚度小且坡度大，沟壑纵横易于排泄，第四系含水层富水性一般较弱且随季节变化大，雨季含水量大，旱季水量微小或干枯，水文地质特征为气象型。小龙潭矿区处于山间盆地，第四系松散层厚度 0～105 m，富水性强，南盘江阶地坡洪积砂卵砾石层含水层有泉出露，流量 5～246 L/s，矿区单位涌水量0.022 9～1.611 L/(s·m)。

碎屑岩类裂隙水含水岩组分为下三叠统飞仙关组、上二叠统龙潭组和二叠系峨眉山玄武岩组。下三叠统飞仙关组矿区内发育良好，分布广泛，形成单面山剥蚀地形，岩性以泥质粉砂岩、粉砂岩及粉砂质泥岩为主，局部夹泥灰岩及灰岩，厚度为 558～626 m，平均 568 m；地表泉水稀少，以裂隙渗水为主，流量为 0.013～1.68 L/s，单位涌出量一般小于 1 L/(s·m)，水质类型为 HCO_3—Ca 水，属弱含水层。上二叠统龙潭组位于峨眉山玄武岩组之上，在矿区内出露于长江的南北槽谷及东侧斜坡地带。该组本区厚 235 m，岩性以浅灰、灰色细砂岩、粉砂岩、泥质粉砂、粉砂质泥岩为主，夹有泥岩、煤层、炭质泥岩、菱铁矿薄层及结核，含水层为细砂岩及粉砂岩，其余渗水极弱，为相对隔水岩层。据抽水试验及水文资料，全煤组为极弱含水层。龙潭组是矿井直接充水的微弱裂隙含水层，其地表浅层风化带孔裂隙含水，据 702 号钻孔抽水，单位涌水量为 0.061～0.076 L/(s·m)，渗透系数为 0.023 m/d，属弱含水层；地下水的补给以大气降水为主，季节性变化明显，并随裂隙发育程度而异，随埋深增加而逐渐减弱。二叠系峨眉山玄武岩组上部以凝灰岩、火山灰角砾岩为主，下部为暗灰色、灰黑色拉斑玄武岩、伊丁玄武岩，节理和风化裂隙发育一般。峨眉山玄武岩组是裂隙型弱含水层，透水性不良，又可视为茅口组灰岩与龙潭组之间的相对隔水层。

碳酸盐岩类岩溶含水岩组含中三叠统关岭组、下三叠统永宁镇组、下二叠统茅口组和下二叠统栖霞组。中三叠统关岭组下段为薄层泥岩及粉砂质泥岩，中段为泥灰岩，上段为角砾白云岩及白云岩。中、上段含裂隙溶洞水，暗河发育，常见大泉，钻孔涌水量为 153.8～1 363.4 m^3/d，富水性强，水质为 HCO_3—Ca 水；下段泉点稀少，含水性弱，有隔水作用。下三叠统永宁镇组以厚层状石灰岩为主，夹有少量薄泥层泥灰岩及粉质泥岩。地下水多沿层面运动，排出地表。本组赋存溶隙水，富水性强，流量较大，据统计枯季流量一般为 0.738 L/s，水质类型为 HCO_3—Ca 型。本层岩溶发育，为基地主要含水层。下二叠统茅口组以厚层块状灰岩为主，底部由燧石灰岩、白云岩、白云质灰岩组成，厚约 400 m。地表见有溶洞、漏斗及岩溶槽谷等岩溶地貌，富含岩溶水，为区内强含水层之一。地下水以管道流为主，在无隔水层的条件下，多以古溶泉或暗河出口形式在河谷两侧排泄；在有隔水岩层时，在隔水层附近有接触式岩溶泉出露；泉流量一般为 10～350 L/s，为强富水，水质类型属 HCO_3—Ca 型。下二叠统栖霞组为中厚层状含燧石团块及白云质灰岩，为区域主要岩溶含水层之一，赋存碳酸盐岩溶洞水，岩溶管道发育，含水性极不均，大泉及暗河一般流量为 10～7 670 L/s，钻孔涌水量为 4.15～979.80 m^3/d，富水性强，水质为 HCO_3—Ca 型。

2.2.9 新疆煤炭基地

根据新疆煤炭基地煤层与含水层的组合关系，将与煤田开采有关的含水层组划分为第四系孔隙含水层、侏罗系裂隙含水层。第四系孔隙含水层主要为洪积、冲积及风积的粗砂、中砂及砾石组成，厚度不等，单位涌水量为 0.035～9.5 L/(s·m)，富水性弱～极强，矿化度小于 1 g/L，水质类型为 HCO_3＋SO_4—Ca＋

Mg 型。侏罗系裂隙含水层由砖红色碎屑岩组成，其中砂岩、砂砾岩构成含水层，而其间的泥岩、泥质粉砂岩构成隔水层。上侏罗统含水层富水性中等，单位涌水量为 0.26～0.378 L/(s・m)，矿化度小于 1 g/L，水质类型为 SO_4＋Cl—Na＋Ca 型。中侏罗统富水性弱，单位涌水量为 0.001～0.004 4 L/(s・m)，矿化度小于 2 g/L，水质类型为 SO_4＋Cl—Na＋Ca 型。下侏罗统富水性弱，单位涌水量为 0.06～0.08 L/(s・m)，矿化度大于 1 g/L，水质类型为 Cl＋SO_4＋HCO_3—Na＋Ca＋Mg 型；下部为主要的含煤岩组，单位涌水量为 0.009 4 L/(s・m)。

地下水补给以大气降水及冰雪消融水为主，其次在局部地段有河流渗漏补给，在垂直方向上一般是浅部含水层补给深部含水层。

地下水的排泄有两种情况：一是在河流沟谷切割地段形成小泉，排向河谷；二是向深层排泄。

径流区位于补给区与排泄区之间，其径流方式为裂隙网络式，主要为层流运动。

2.3 全国煤炭基地水资源开发利用前景

我国煤矿区整体面临水资源短缺的问题。与此同时，随着未来我国煤炭资源开发重点的逐步西移，在主要煤炭产区建设大型煤电基地向中、东部负荷中心送电也成为必然趋势。电力工业是用水大户，行业的发展离不开水资源保障。水资源也是煤化工产业发展的重要制约因素。大型煤化工项目年用水量通常高达几千万 m^3，吨产品耗水在 10 t 以上，相当于一些地区十几万人口的水资源占有量或 100 km^2 以上国土面积的水资源保有量。一些地区大规模超前规划煤电、煤化工项目，一方面有可能形成产能过剩的局面；另一方面会打破本地区脆弱的水资源平衡，直接影响当地经济社会平稳发展和生态环境。西北煤炭产区大都处于干旱、半干旱地区，水资源是一种非常稀缺的资源。然而，即使是在水资源匮乏地区，对水资源的开发和利用也还存在着浪费、污染严重及缺乏科学管理等诸多问题。面对煤炭产区水资源匮乏的现实环境，应深入研究富煤少水地区的水资源状况，增强找水能力，挖掘农业、工业节水潜力，合理交换水权，实施配置用水，科学规划煤电、煤化工基地的建设规模，加强水资源的保障供给。

2.3.1 神东煤炭基地

东胜矿区工业用水主要考虑用黄河水和水库拦截的水，城市居民的生活用水主要考虑用白垩系志丹群砂岩中的地下水。另外，还可以充分利用地表水资源如河谷、湖泊（红碱淖），并可在烧变岩地带、库布齐沙漠边缘地带以及乌兰格尔隆起带寻找新的水源地。找水方向：①黄河沿岸松散层地下水；②沙漠区的萨拉乌苏组地下水；③内蒙古、陕西接壤区的白垩系地下水；④矿井水资源化。

当神府新民矿区达到远期规模时，沟岔水源工程即使供水 15 万 m^3/d，矿区仍缺水。找水方向：①龙口水库或天桥电站黄河地表水；②秃尾河、窑野河流域地表水，包括朱盖沟水库、瑶镇水库、免沟水库供水等；③泉域沟谷松散层水，萨拉乌苏组地下水，烧变岩水，府谷黄河沿岸漫滩阶地地下水，岩溶裂隙水。

准格尔矿区水资源比较丰富，主要有黄河地表水（1998—2002 年平均过境水量 482 m^3/s，2004—2006 年平均流量 460 m^3/s，岩溶地下水资源量22.74 万 m^3/d，允许开采量 16.76 万 m^3/d），局部地区煤系砂岩裂隙水（如罐子沟一带曾发生煤系砂岩突水淹井）。进一步找水方向：①准格尔矿区深层岩溶地下水；②利用黄河地表水；③灌子沟一带煤系砂岩裂隙水；④矿井水资源化。

2.3.2 晋北煤炭基地

大同矿区由于矿区自备水源连年超采，外购水源已达极限，水资源供需矛盾日益加剧。解决的方案：①积极寻找、开辟新的水源（如大同煤盆地西部岩溶水）；②进一步提高矿井水利用率；③论证规划“册田引水工程”（引水成功可增加供水量 4 万 m^3/d）。

平朔朔南矿区内已建立了刘家口和安家岭两个奥灰水（奥陶系灰岩中所含的水）水源地，基本满足平朔矿区目前供水需求。今后新增水量需求（包括朔南矿区建设之需）仍将主要由奥灰（奥陶系灰岩，下同）岩溶地下水解决。

河保偏矿区找水方向：①黄河阶地第四系孔隙水；②岩溶地下水；③矿井水资源化。

2.3.3 晋中煤炭基地

西山-古交矿区由于地处晋祠泉域保护范围之内，岩溶水限制开采，找水方向主要是引进的黄河水，另外今后可结合矿井疏排水考虑矿井水复用。

霍州矿区处于郭庄泉和龙子祠泉两大岩溶泉域，岩溶水水量丰富，含水层厚度大，岩溶发育，主要含水层为峰峰组二段、上马家沟组二和三段，找水前景较好。

离石、柳林矿区在水文地质单元上属柳林泉域岩潜水系统但处于岩溶地下水缓流区，中奥陶统灰岩岩溶裂隙水单位涌水量为0.02～0.556 L/(s·m)，最大为4.13 L/(s·m)，水质为$HCO_3 \cdot SO_4$—Ca型，具有一定供水意义；其余的太原组灰岩岩溶裂隙水、山西组及下石盒子组砂岩裂隙水的富水性均较弱，无供水意义。

乡宁矿区中奥陶统和寒武系岩溶地下水是最主要的地下水资源，该矿区单位涌水量达6.82～14.12 L/(s·m)；风化带单位涌水量为0.054～4.459 L/(s·m)。本区处于黄河水系和汾河之间，除鄂河长年流水外，均为间歇性的沟谷水系。区南部水源极缺，可取黄河水加以利用；中部可用鄂河流水；北部有裴家河和王莽沟构造富水带已打的3口水井供水，单井出水量均在1 200 m^3/d以上。

沁源(霍东)矿区地表水不发育，且多为季节性流水。由于地形复杂，河床坡度大，大气降水易于排泄，故新生界和煤系地层之上的含水层富水性弱。奥灰岩溶水是该区进一步找水方向。

2.3.4 晋东煤炭基地

阳泉矿区中奥陶统灰岩为本区主要强含水层，富水性强，单孔出水量超过2 000 m^3/d。但奥灰岩溶水水位埋深500 m左右，探采难度较大。矿区规划期用水量134 574 m^3/d，需新增水量85 774 m^3/d。规划新增用水量中，生产用水、井下消防用水及一般生活杂用水尽量采用净化处理后的井下排水或污废水，新增生活用水规划新增深井水或购买市政自来水。

潞安矿区地下水资源丰富，奥陶系灰岩是富含水层，单位涌水量为3.11 L/(s·m)，水质良好。区内主要有漳泽、后湾、屯绛、申村四大水库。漳泽水库总库容为4.273亿m^3，该水库无能力支持新的工业项目；后湾水库总库容为1.303亿m^3，每年有3 500万m^3的富余水量；屯绛水库总库容为0.377亿m^3，每年有234万m^3的富余水量；申村水库总库容为0.338亿m^3，每年有600万m^3的富余水量。今后除了开发利用岩溶地下水、矿井水复用以外，应充分考虑利用本区水库的富余库容。

晋城矿区寒武系至中奥陶统的石灰岩、泥灰岩、白云质灰岩等可溶性岩石，在区域东部、南部及西南部有大片出露；碳酸盐类含水层组是区域内主要含水层组，厚度大，水质好。晋城矿区已有水井150眼左右，单井出水量60～80 m^3/h。丹河流域(三姑泉)岩溶地下水天然资源量为7.75 m^3/s，可采资源量为4.61 m^3/s，延河泉域在保证率97%的情况下可采资源量为6.35 m^3/s，晋城西区可采资源量为1.67 m^3/s(14.43万m^3/d)，是矿区主要供水水源。区内已建成并供水的水源地为成庄水源地，该水源地经原全国矿产储量委员会批准为B级(允许水资源开采量是水源地勘探报告提交的主要允许开采量)，水资源可采量为 365 万 m^3/a。另外，根据山西省水利厅文件，申村水库在保证率 97%时年取水量为 800 万 m^3，可作为矿区备用水源。

2.3.5 陕北煤炭基地

根据 1998 年《我国西部侏罗纪煤田(榆神府矿区)保水采煤及地质环境综合研究》及后来勘探证实，榆神矿区内 B+D 级(D 级允许开采量和尚难利用的资源量是区域水文地质普查报告或水源地普查报告提交的主要资源量)地下水可采资源量为 37.49 万 m^3/d，具有供水前景。供水层位于第四系和侏罗系。

榆横矿区的水资源主要以地表水(河流、池塘、水库)和地下水(孔隙水、裂隙水)为主。秃尾河是区内最大河流，其六大支沟泉均在沙漠及滩地地区，直接补给秃尾河，总开采量为 19.88 万 m^3/d，且不受采矿影响，可作为永久性水源利用。地下水主要有 3 类。①萨拉乌苏组沙层潜水：本区松散层中第四系萨拉乌苏组含水层富水性较好，含水层基本全区分布，单井涌水量一般达 1 200 m^3/d 左右。②洛河组基岩潜水-承压水：在矿区的西北部分布，含水层厚度为 7.55～200.90 m(一般厚度 74 m)，地层埋深 0～108.50 m；单井涌水量 117～1 560 m^3/d，个别点大于 2 000 m^3/d，一般为 1 000 m^3/d 左右。③烧变岩孔洞裂隙潜水：分布于秃尾河及其支流两岸，含水层厚度为 11～30 m，分布稳定；其补给来源充分，故富水性强。

2.3.6 黄陇煤炭基地

彬长矿区找水方向主要为白垩系宜君、洛河组基岩裂隙承压水。该含水层厚度大，水量较丰富，常形成承压水，属淡水，区内分布广泛，现开发利用率仅 39%，尚有开发利用潜力。

渭北矿区内地下水主要有两类，可作为进一步找水方向。①松散层孔隙水和基岩裂隙水：本区为半干旱黄土高原、山前台塬区，赋存于塬区低洼处的孔隙水和基岩中的裂隙水是宝贵的地下水资源，广泛为生活和生产企业利用。②奥陶系灰岩岩溶裂隙水：水量丰富，广泛用于工农业生产。

2.3.7 蒙东煤炭基地

蒙东煤矿区主要含水层为下白垩统风化带裂隙含水层；浅部风化裂隙带中地下水相对较富水，单位涌水量为 0.24～2.731 L/(s・m)，渗透系数为 1.22～

3.03 m/d。东北煤炭基地总体上自然生态环境背景条件、气候条件、植被发育条件均较好，草原、森林覆盖率较西部、中部地区高，降水量相对较大，地表、地下水资源充沛。各矿区可充分利用矿井水，提高矿井水回用率。

2.3.8　宁东煤炭基地

灵武-鸳鸯湖矿区位于荒漠地区，天然水资源量较少。黄河从矿区的西部由北向南流过，是取水水源之一。目前灵武矿区用水量基本靠金银滩水源地解决。鸳鸯湖矿区的供水将依靠扩建的金银滩水源地和地表水库，矿区的电场和煤化工规划用水主要靠黄河水，通过建设鸭子荡水库解决。

2.3.9　冀中煤炭基地

邯郸-邢台（含峰峰）矿区内地表水均不宜作为矿区供水水源。奥灰岩及局部火成岩含水层水量丰富，水质较好，可作为矿区进一步扩大供水的水源。

2.3.10　河南煤炭基地

平顶山矿区地表水相对丰富，地下水主要取自岩溶地下水；矿区矿井水回用率较高，达 78.9%。下一步主要找水方向为中奥陶统岩溶水。

登封-郑州矿区地表水资源缺乏，不同类型的地下水资源均有不同程度赋存。

2.3.11　鲁西煤炭基地

枣滕矿区属淮河流域南四湖湖东区，京杭运河穿过本区，在山东省属富水区，水利条件比较优越，水资源比较丰富。其主要水源有地表水资源、地下水资源和引湖水资源。

巨野矿区地表水受季节影响，保证率不高且易受污染；而黄河水引用的造价过高，不宜作为矿区供水水源。第四系及古近系和新近系含水层因水质较差，也不宜作为供水水源。奥陶系灰岩水由于分布范围广，水量丰富，可作为矿区工业及生活用水。黄河北矿区浅层地下水水质较好，且水量丰富，可作为矿区主要供水水源；奥陶系灰岩水分布范围广，水量丰富，可作为备用水源；矿井涌水经沉淀处理后，可作为各矿井生产用水。

2.3.12　两淮煤炭基地

淮北矿区地处淮河冲积平原，地下水资源比较丰富，故矿区供水水源以地下水为主。可供选择的含水层有新生界松散层孔隙含水层(组)、二叠系砂岩裂隙含水层(组)、石炭系太灰岩溶裂隙含水层(组)和奥陶系灰岩岩溶裂隙含水层(组)。另外,矿井的排水经处理后没有能够充分利用。地表水主要利用塌陷区的水资源,今后,地表水是开发利用的重点对象。

淮南矿区淮南煤田属淮北平原水文地质区,地下水资源比较丰富。区内主要有 4 类含水层组。①寒武系岩溶裂隙含水层:寒武系灰岩地层总厚达 1 400 m 左右,富水性中等~强,钻孔揭露最大自流量为 190~390 m^3/h,单位涌水量为 0.137~7.67 L/(s・m),水温 34~44.5℃,水质 Cl—Na 型。②奥陶系岩溶裂隙含水层:奥陶系地层厚 100~420 m,平均约 250 m;富水性与岩溶发育程度密切相关,为中等~强,单位涌水量为 0.01~13.73 L/(s・m),水温 34~44.5℃,水质 Cl—Na 型。③石炭系太原群岩溶裂隙含水层(组):石炭系太原群地层总厚 110~120 m;含薄层灰岩 10~14 层,灰岩厚 55~60 m,占地层总厚约 50%;自上而下划分为 3 组,单位涌水量为 0.1~3.6 L/(s・m),富水性中等~强。④新生界松散孔隙含(隔)水层组:可分为上、中、下 3 个含水层组,富水性一般较强。

2.3.13 云贵煤炭基地

基地范围内地表水系发育,河网密度大;各岩溶含水层分布广,富水性强,地下暗河、泉水发育,水资源丰富,目前开发利用程度较低。各矿区生产、生活用水一般能够就地满足。

2.3.14 新疆煤炭基地

新疆煤炭基地的煤炭资源富集于东疆的吐哈矿区,其地表水、地下水资源较贫乏,目前已经出现需求远大于供给的局面。北疆的准东矿区、伊犁矿区多年平均降水量位居全疆各地州、市之首,地表水、地下水资源比较丰富,远远大于矿区开发的需要。南疆的库拜矿区以满足南疆四地州生产、生活用煤为主,适度发展火电,该区降水量偏少,水资源供给大于需求。在具备一定条件的情况下,新疆部分毗邻边境的资源富集地区可以提前考虑规划适度的跨国境调水,用于满足未来经济社会发展的水资源需求。

第三章　矿井水开发利用现状及潜力评价

3.1　矿井水概念及分类

目前，矿井水的概念比较清楚，但矿井水资源量、可利用量、综合利用潜力等没有明确的定义，以至于很难估算矿井水资源综合利用潜力，不利于矿井水等非常规水资源的配置与管理。本章首先厘清矿井水资源的有关概念，在此基础上提出矿井水资源综合利用潜力评价方法。

3.1.1　矿井水有关概念界定

（1）矿井水

煤炭矿井水是在煤矿建井和煤炭开采过程中，由地下涌水、地表渗透水、井下生产排水汇集所产生的废水组成。我国煤矿水文地质条件极为复杂，煤矿矿井水包括流入或渗入井筒、井下巷道和工作面的大气降水、地表水、地下水和老窑积水等。

（2）矿井涌水量

煤炭矿井涌水量是指从煤矿开拓到回采过程中单位时间内流入矿坑包括井、巷和巷道系统的水量。矿井涌水量的大小常用每小时或每分钟的流量表示。矿井涌水量是矿山开发的一个重要技术条件。地质勘探工作应查明水文地质条件并预计开采矿井的涌水量，以便在建井和生产时采取相应的流、排、堵、防等措施。

（3）矿井水资源量

矿井涌水量从矿井投产开始，一般要经历逐步增大、衰减和相对稳定等三个阶段，从资源利用角度分析，矿井水资源量应为相对稳定阶段的矿井涌水量。到目前为止，关于矿井水资源的定义还没有一个公认的非常严谨的文字描述，根据《不列颠百科全书》和 1988 年联合国教科文组织（UNESCO）及世界气象组织（WMO）对水资源的定义，从自然资源和社会资源范畴认识，一般认为，矿井水资源属于资源的一部分，作为资源的矿井水应当是可供利用或可能被利用，具有足够数量和可用质量，通过人类开发、利用、治理、配置、节约与保护活动可转化为物质财富和精神财富的水资源。矿井水资源量属于非常规水资源的一类，可与常规水资源协同配置。

矿井水资源量等于相对稳定阶段的矿井涌水量，矿井水资源量的计算时段取“年”（下同）。

$$W_1 = W_{inf} \tag{3-1}$$

式中：W_1 为矿井水资源量，m^3；W_{inf} 为矿井涌水量，m^3，包括矿井（矿坑）内的已实际利用量及滞留水量、排到矿井外的水量。矿井（矿坑）内已实际利用量可通过调查获得；滞留水量根据不同矿区情况进行估算；排到矿井外的水量可通过计量设施准确获取。

（4）矿井水资源可利用量

水资源可利用量是指在技术上可行、经济上合理的情况下，通过工程措施能进行调节利用且有一定保证率的那部分水资源量；比天然水资源数量要少。对照水资源可利用量的概念，矿井水资源可利用量是指技术可行、经济合理，通过各种途径可以利用的矿井水资源量。

$$W_2 = W_1 - (W_{loss} + W_{na}) \tag{3-2}$$

式中：W_2 为矿井水资源可利用量，m^3；W_{loss} 为矿井水处理损失水量，m^3，通过调查获得；W_{na} 为有毒、有害等不可利用的水量，m^3。

（5）矿井水资源综合利用潜力

水资源开发利用潜力是以水资源可利用量为控制条件，通过工程和非工程措施，提高当地水资源的开发利用程度，与现状条件相比增加的供水能力。对照水资源开发利用潜力的概念，矿井水资源综合利用潜力是指规划水平年矿井水可利用量扣除现状已利用的矿井水量。现状已利用的矿井水量包括矿区内采矿企业自身的实际利用量和矿区外的实际利用量两部分。

矿井水资源综合利用潜力由下式计算。

$$W_3 = W_2 - (W_{uin} + W_{uout}) \tag{3-3}$$

式中：W_3 为矿井水资源综合利用潜力，m^3；W_{uin} 为矿区内的实际利用量，m^3，通过调查获得；W_{uout} 为矿区外的实际利用量，m^3，通过计量设施准确获取。

矿井水是一种特殊的水资源，是由于采矿活动造成区域水文地质系统与水文地质单元隔水构造破坏，从而改变地下水及地表水径流方向和途径，最终在采矿场所聚集的水体。通俗地说，凡是在矿井开拓、采掘过程中，渗入、滴入、淋入、流入、涌入和溃入井巷或工作面的任何水源，统称为矿井水。水源有大气降水、地表水、地下水和老采空区积水。由于改善矿井作业环境、保证生产安全的需要，矿井水往往被抽排到地表并排放，矿井水的利用主要是针对这部分水提出的。

3.1.2 矿井水的水质特征

从矿井水的物理、化学特征及细菌学特质上看，矿井水常具有以下几方面的水质特征：

① 矿化度(含盐量)高。我国矿井水的含盐量一般多在 1 000 mg/L 以上，其盐类成分主要是硫酸盐、重碳酸盐和氯化物等，其含盐量将随开采深度的加大而增加。

② 硬度大。其总硬度一般多在 1 mg/L 以上，属极硬水范畴。一般情况下，总硬度与矿化度成正比；硬度中永久硬度所占比重远大于暂时硬度；高矿化度占 50%，部分为酸性水。其 pH 在 4～7 之间。

③ 水浑浊、色度明显。矿井水悬浮物含量一般在 500 mg/L 以下，多为煤尘和岩尘，以及胶态氢氧化铁，使水呈灰黑色。酸性矿井水多为黑色和黄褐色。

④ 含有一定的石油产品。其来源是综合机械化的液压系统，机器和机械的润滑系统和冷却系统。另外，当岩层中含油页岩时，其对矿井水的污染则另作别论。

⑤ 化学需氧量(COD)高于地下水。一般地下水的 COD 为 2～5 mg/L，矿井水为 10～12 mg/L，甚至更高，主要是由于粉尘所致，其次在于井下人员便溺以及水中落入各种动植物残骸所造成。

⑥ 常含有多种微量元素。例如，苏联顿巴斯的一些矿井水含有约 30 种化学元素。

3.1.3 矿井水的类型及空间分布

煤矿矿井水的排放量与矿山所处的地理位置、气候、地质构造、开采深度和开采方式等因素有关。就地区而言，一般规律是东部、南部地区涌水量大，西北地区涌水量小。矿井水水质状况随矿山开采的品种、类型、方式以及矿山所处的区域和地质构造等的不同而有较大差异。

按水质分，矿井水主要可分为五类：洁净矿井水、含悬浮物矿井水、高矿化度矿井水、酸性矿井水和特殊污染型矿井水，矿井水空间分布情况见表3-1。

表3-1　矿井水资源空间分布

水质类型	分布区域	水质特征
洁净矿井水	主要分布在我国东北、华北等地	水质较好，pH为中性，低矿化度，基本不含悬浮物，各类水质指标符合《生活饮用水卫生标准》(GB 5749—85)，只需稍加处理和消毒即可饮用
含悬浮物矿井水	矿井开采过程中普遍存在的一种矿井水，占我国矿井水排放量的比重比较大，特别是我国北方矿区分布较广	除悬浮物、细菌、感官指标超标外，其他理化指标满足《生活饮用水卫生标准》(GB 5749—85)
高矿化度矿井水	主要分布于我国甘肃、宁夏、内蒙古西部、新疆的大部分矿区，以及黄淮海平原、东北、华北、华东的部分矿区，这些矿区也是我国水资源较缺乏的地区	指溶解性总固体高于1 000 mg/L的矿井水，往往还含有较高浓度的悬浮物、细菌等
酸性矿井水	主要分布在我国的南方矿区，川、贵、粤、湘、鄂、桂、浙和闽等均有分布，pH介于2～4之间。北方缺水矿区较少发现，但部分煤矿(如乌达、铜川、枣庄、淄博、义马等地的煤矿)也有酸性矿井水	pH小于5.5的矿井水，除水质呈酸性外，还含有较高浓度的铁、悬浮物、细菌等
特殊污染型矿井水	高铁锰矿井水主要集中在蒙东地区和云贵地区，矿井水氟化物含量较高的地区主要集中在两淮地区、山西晋城地区以及内蒙古部分地区	主要指含微量有毒有害元素、含放射性元素矿井水或含油类的矿井水。其中，含铁锰的矿井水最为普遍

3.1.3.1　高矿化度矿井水分布

高矿化度矿井水因含盐量大于1%，又可称为高盐矿井水、含盐矿井水。该类矿井水中含有SO_4^{2-}、Cl^-、Ca^{2+}、K^+、Na^+、HCO_3^-等离子，这些离子浓度大于1 000 mg/L，个别达到4 000 mg/L左右，水质多数呈中性或偏碱性，带苦涩味，俗称苦咸水，未经处理不能直接作为工农业用水和生活用水。煤矿矿井水矿化度高的原因是多种因素造成的，主要是：被采煤层中含有大量碳酸盐矿物及硫酸盐矿物，使矿井水中SO_4^{2-}、Cl^-、Ca^{2+}、Mg^{2+}等盐类离子浓度较高；地区干旱，降水量小，蒸发量大，地下水补给不足，促使矿井水中盐分浓缩；矿区处于沿海地带，受海水侵入的影响。处理高矿化度矿井水主要采用蒸馏法、电渗析法和反渗透法。

高矿化度矿井水主要分布在两淮、鲁西、山西、蒙东、河南、宁东以及新疆基地。其中，新疆、宁东、山西、河北峰峰矿区的矿井水矿化度较高，特别是在新疆哈密，矿井水矿化度在 16 000 mg/L 以上，最高达 22 225 mg/L。此外，在山东的淄博、巨野、淮南、晋城等矿区矿井水矿化度也相对较高，可达 2 000 mg/L 以上。

高矿化度矿井水形成的原因主要有以下几种：

(1) 黄铁矿(FeS_2)等煤层中的硫化物发生氧化反应后产生游离酸，煤系地层中大量发育的薄层灰岩、白云岩等与游离酸发生中和反应，使矿井水中 Ca^{2+}、Mg^{2+}、SO_4^{2-} 等离子增加。化学方程式如下：

$$4FeS_2+14H_2O+15O_2=\!=\!=4Fe(OH)_3+8SO_4^{2-}+16H^+ \tag{3-4}$$

$$CaCO_3+4H^+=\!=\!=Ca^{2+}+2H_2O+CO_2 \tag{3-5}$$

$$MgCa(CO_3)_2+4H^+=\!=\!=Mg^{2+}+Ca^{2+}+2H_2O+2CO_2 \tag{3-6}$$

(2) 煤炭的开采使得岩层与地下水的接触面及接触概率增大，促进了岩层中的硫酸盐、碳酸盐等可溶性矿物的溶解，造成 Ca^{2+}、Mg^{2+} 等离子的增多。

(3) 有的地区地下咸水入侵煤田，使得矿井水呈高矿化度(例如山东的龙口矿区)。

需要指出的是，即使在同一煤田，不同开采区域、不同开采深度造成水动力条件差异，也会产生矿化度的差异，一般在开采深部时矿化度明显升高。

3.1.3.2　酸性矿井水分布

当开采含硫高的煤层时，硫化物受到氧化与生化作用产生硫酸，而使水呈酸性，酸性水易溶解煤及围岩中的金属元素，故 Fe、Mn 等重金属元素以及无机盐类增加，使水的矿化度、硬度升高。酸性矿井水在井下易腐蚀矿井设备与排水管道，排入地面水系会使地表水酸化，导致鱼类死亡；用于灌溉则易使土壤板结，植物枯萎。酸性矿井水通常采用中和化学法处理，即投加碱性药剂或以石灰石、白云石为滤料进行过滤中和。近年来推广应用反渗透技术、连续膜技术，效果更好。

调查分析结果表明，中国部分地区矿井水呈酸性，pH 为 2～4 的酸性矿井水占 6.5%，pH 为 4～6 的矿井水占 3.6%，主要分布于鲁西、山西、云贵基地。在其他矿区也有酸性矿井水，如宁夏石嘴山煤矿、福建龙永煤矿、浙江长广煤矿、江西天河矿以及湖南金竹山矿，尤其福建永安煤矿矿井水 pH 为 2.4，甚至更低，其酸性成分主要是由煤层中的高硫矿物氧化形成的。这类矿井水常含有较高的铁锰以及其他重金属。

赋存在煤层中的黄铁矿（FeS_2）是造成矿井水变酸的主要因素，FeS_2 与氧气以及水接触发生反应后的产物便是 Fe 离子以及硫酸，具体的反应方程式如下：

$$2FeS_2+2H_2O+7O_2 = 2Fe^{2+}+4SO_4^{2-}+4H^+ \tag{3-7}$$

$$12FeSO_4+6H_2O+3O_2 = 8Fe^{3+}+12SO_4^{2-}+4Fe(OH)_3 \tag{3-8}$$

$$2Fe^{3+}+3SO_4^{2-}+6H_2O = 2Fe(OH)_3+6H^++3SO_4^{2-} \tag{3-9}$$

高硫酸盐矿井水一般是指硫酸盐含量大于 250 mg/L 的矿井水。根据统计，中国矿井水硫酸盐含量在 1～4 654 mg/L 范围内，均值为 780.58 mg/L，高出我国《地下水质量标准》（GB/T 14848—2017）Ⅲ级标准的 3 倍以上，其中硫酸盐含量在 250～1 000 mg/L 的矿井水占比 26.5%，1 000～2 000 mg/L 的矿井水占比 16.3%，有 11.6%的矿井水硫酸盐含量超过 2 000 mg/L，高硫酸盐地区主要集中在新疆哈密矿区、宁夏积家井矿区、福建永安矿区、山西大同矿区、两淮及鲁西基地。

高硫酸盐矿井水的形成原因大致有两种，一是因为开采含有黄铁矿煤层时，黄铁矿与矿井水以及空气接触，生成大量的硫酸盐；二是矿区某些含水层中的岩盐和石膏的溶解提供了大量的硫酸盐，这些含水层中的地下水又是矿井水的主要来源。

3.1.3.3 特殊污染型矿井水分布

这类矿井水主要指含微量有毒有害元素、含放射性元素或含油类的矿井水。其中，含铁锰的矿井水最为普遍。

高铁锰矿井水一般是指含铁量超过 0.3 mg/L，含锰量超过 0.1 mg/L 的矿井水。在统计数据中，高铁锰矿井水主要集中在蒙东地区和云贵地区，在山西西山、大同矿区、河南鹤壁矿区、山东肥城矿区、宁夏石嘴山矿区、湖南金竹山矿区以及福建永安煤矿中，矿井水的铁锰含量也超标。在调查的矿井水中，铁含量超过 9 mg/L 的矿井水有 18.8%，其中鲁西基地的大丰矿矿井水的铁含量最高可达 691.02 mg/L；锰含量超过 3 mg/L 的矿井水占调查样品的 10.3%，其中贵州恩洪煤矿矿井水中锰含量高达 32 mg/L。

含铁、锰的矿井水，一般是在还原条件下形成的，铁、锰多呈 Fe^{2+}、Mn^{2+} 的低价状况，Cu^{2+}、Zn^{2+}、Pb^{2+}的浓度基本符合排放标准，但超过生活饮用水标准；含放射性和含油矿井水只在极少数煤矿存在。

含特殊污染物的矿井水的煤矿很少，但必须认真对待，经化验分析，确实超标的，必须净化处理，确保用水安全。对这类矿井水的处理，首先是去除悬浮物，然后按水质要求选择相应的方法处理。含氟矿井水可用活性氧化铝吸附处理，也可用电渗析法除盐、除氟；含铁、锰矿井水通常采用曝气充氧、锰砂过滤法去除铁、锰；含重金属和含放射性元素的矿井水，可采用沉淀、吸附、离子交换和膜技术等方法处理；含油矿井水可采用重力分离、上浮、混凝过滤等方法处理。

高氟矿井水的氟化物含量平均值为 1.16 mg/L，略高于《地下水质量标准》(GB/T 14848—2017)Ⅲ级标准中规定的1.0 mg/L。矿井水氟化物含量较高的地区主要集中在两淮地区、山西晋城地区以及内蒙古部分地区，氟化物含量在1～2 mg/L之间的矿井水占 32.4%，2～4 mg/L 的有 10.1%，超过 4 mg/L 的有2.0%，其中山西晋城潘庄矿矿井水氟化物高达 5.93 mg/L，严重超出地下水质量标准，属于高氟矿井水。

矿井水中氟化物的来源一是来自地层中的富氟矿物如萤石(CaF_2)、磷灰石[$3Ca(PO_4)_2 \cdot CaF_2$]、水晶石(Na_2AlF_2)等，二是来自含有氟成分的岩浆岩，这两者经过长期的物理化学反应后进入地下水中。另外，煤系地层埋藏深度大，地下水矿化度高，地下水径流滞缓，深部的蒸发浓缩作用为氟化物的聚集提供了条件。

3.2 矿井水处理工艺流程

3.2.1 煤矿矿井水处理工艺

矿井水处理工艺一般分为主动处理和被动处理两类。根据矿井水类型，将水质处理工艺分为洁净矿井水处理、含悬浮物矿井水处理、高矿化度矿井水处理、酸性矿井水处理、特殊组分矿井水处理和矿井水回灌等。

3.2.1.1 洁净矿井水处理工艺

洁净矿井水 pH 一般呈中性，矿化度低，不含有毒有害离子，各项理化指标符合国家饮用水卫生标准或渔业水质标准。对此类矿井水通常采用物理法处理，如妥善阻断截流，通过建造密闭墙、水闸墙，建立供、排水独立管线系统，避免与其他矿井水混排(图 3-1)。

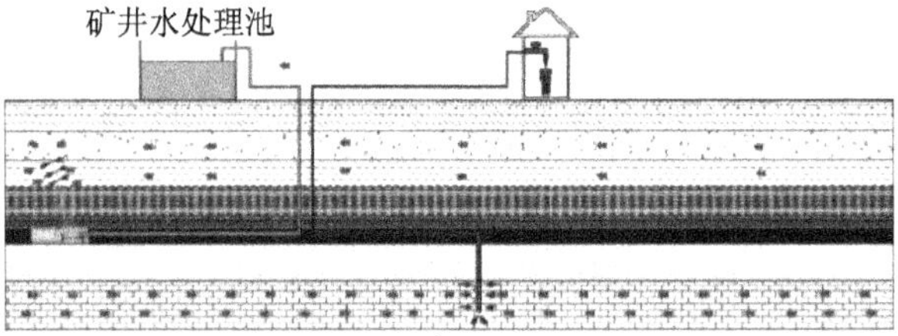

图 3-1　洁净矿井水开发与处理工艺流程

3.2.1.2　含悬浮物矿井水处理工艺

此类矿井水的特点为悬浮物含量高，没有特殊污染成分，呈灰色或黑色。含悬浮物矿井水中悬浮物主要来源于煤炭开采过程的煤粉、岩粉等微粒，其次含有部分离子、少量有机物和大量细菌。该类型矿井水约占我国北方部分重点国有煤矿总排水量的60%，水质一般呈中性，矿化度小于1 g/L，含微量金属元素或基本不含有毒有害元素。矿井水中悬浮物煤粉微粒含量占比较高，其密度仅为地表水中悬浮物（黄泥沙）密度的一半。由于微粒粒度小，灰分高，微粒表面多带负电荷。具有同号电荷的微粒相互排斥，阻止微粒间彼此接近而聚合成大颗粒下沉。同时，微粒亦会与水分子发生水化作用，形成水化膜，阻止微粒聚合，使微粒分散于水中。此外，受煤粉微粒自身布朗运动影响，微粒界面间力的作用使得煤泥水性质更加复杂化，既有悬浮物的特性，也有胶体的特征。

目前，含悬浮物矿井水处理工艺比较成熟，采用常规的混凝、沉淀、过滤、消毒等工艺即可满足环境达标排放要求。常规混凝剂和助凝剂多为聚合硫酸铁和聚氯化铝铁类产品，易于购买和获取。例如邢台、阜新等矿区的高悬浮物矿井水经常规处理即可满足排放要求。但传统处理工艺存在耗时长、成本高、占地广等缺点，在目前的经济形势下，可操作性受限，而且针对悬浮物中的铁锰元素，需要对处理系统进行升级改造，才能达到环保外排最低要求。

在新型的处理工艺中，占据主流的是矿井水超磁分离技术。其工作原理为向矿井水中添加磁种介质与微磁絮凝药剂，使得矿井水中悬浮物同磁种介质相互凝结在一起，产生具备磁性的絮团，然后通过超磁分离设备的高强度磁场，在强磁场力的作用下对絮团进行快速分离。超磁分离机具备占地少、井上井下均能运营、成本低、处理速率快等优势。例如山西斜沟煤矿进水悬浮物质量浓度为300～400 mg/L，5 min即处理完毕，出水悬浮物质量浓度≤10 mg/L，悬浮物去除率97%，实现了清水入仓，缩减了清淤次数。陕西中能袁大滩煤矿矿井水综合处理成本为 7.8 元/t，矿井水处理既保障了矿区和陕西未来能源化工的供水，又避免了水资源的流失，取得了良好的社会经济和生态环境效益。

含悬浮物矿井水处理技术工艺流程见图 3-2。

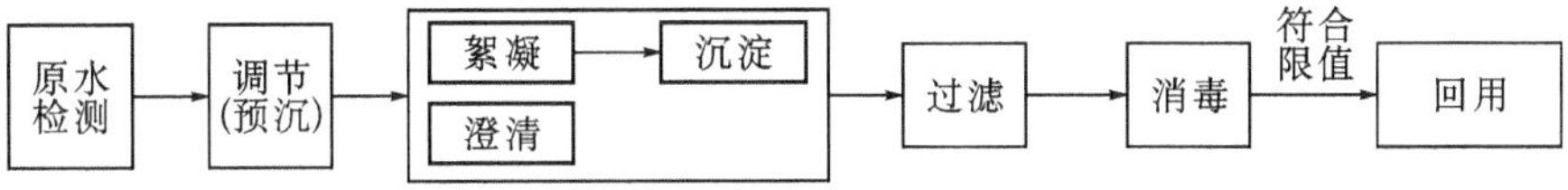

图 3-2 含悬浮物矿井水处理技术工艺流程

3.2.1.3 高矿化度矿井水处理工艺

高矿化度矿井水按照处理工艺顺序主要分为预处理、脱盐浓缩和蒸发结晶 3 个工艺段。高矿化度矿井水处理工艺相对复杂，处理成本较高，是目前矿井水处理中的难点和研究热点。尤其近年来大量煤矿按照环保要求利用结晶蒸发技术实现对高矿化度矿井水的“零排放”，造成处理工程投资巨大，处理成本居高不下的局面。

(1) 高矿化度矿井水预处理工艺

高矿化度矿井水首先要进行预处理以去除悬浮物和降低硬度，避免后续脱盐工艺的堵塞和结垢等问题。通常采用混凝沉淀和软化工艺对高矿化度矿井水进行预处理。混凝沉淀工艺与高悬浮矿井水处理相同。软化工艺是为了去除矿井水中的钙、镁离子，避免结垢，主要采用药剂软化法或者离子交换法。

(2) 高矿化度矿井水的脱盐浓缩技术

脱盐浓缩工艺目的是降低矿井水中超标的溶解性固体总量（TDS），从而达到回用要求。高矿化度矿井水浓缩处理主要有膜法和热法两大技术类别。其中膜法常见的包括反渗透（RO）、纳滤（NF）和电渗析（ED），热法主要包括多效蒸发（MED）、多级闪蒸（MSF）等技术。

反渗透技术是通过压力迫使水分子透过膜逆向流动到低浓度侧，处理后低浓度侧为淡水，而另一侧则为高浓度盐水，最终实现盐分的脱除。反渗透技术工艺成熟，采用苦咸水淡化膜（BWRO）、海水淡化膜（SWRO）和碟管式反渗透膜（DTRO）等卷式膜元件为主，目前是高矿化度矿井水处理中应用最广泛的技术，典型的工艺包括 BWRO+SWRO 和 BWRO/SWRO+DTRO 等。

电渗析技术使用的离子膜具有选择透过性。外加直流电场会产生电位差力，推动离子透过离子膜实现从水中分离。

纳滤膜元件构造与处理原理都与反渗透类似，但过滤精度低于反渗透，又比超滤技术高，它对 Cl^-、F^- 等一价离子的过滤能力较弱，优势是需要的操作压力低。

多效蒸发是指将多个蒸发器串联起来，形成连续的蒸发操作，蒸汽获得多次利用，热能利用率提升。多效蒸发处理成本中蒸汽成本占比较高，由于各个项目获取蒸汽的价格不同，造成处理成本差异较大。

（3）高矿化度矿井水的蒸发结晶技术

蒸发结晶的目的是彻底将高盐水进行水盐分离，最终实现零排放，用在高矿化度矿井水的处理上的常见技术有蒸汽机械再压缩（MVR）、多效蒸发和蒸发塘。处理高矿化度矿井水时，通常将 MVR 与膜技术联用，这种方法具有能耗低的优点，但单套设备处理能力小。MVR 和 MED 技术的选择主要依据蒸汽的价格，由于 MVR 使用蒸汽比 MED 少，当蒸汽价格较高时，MVR 处理成本低；当蒸汽价格低时，MED 就比 MVR 成本低。蒸发塘技术简单易行，除占地成本外，运行维护成本极低，是早期高矿化度矿井水处理的主流技术。目前，受到相关环境政策的制约，一般不再应用蒸发塘工艺。

高矿化度矿井水处理工艺流程见图 3-3。

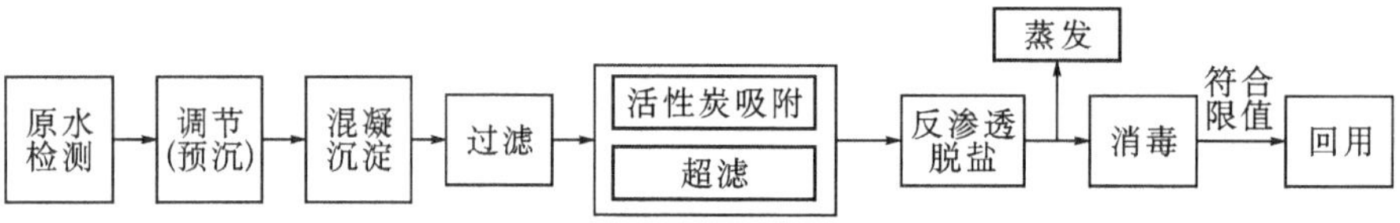

图 3-3　高矿化度矿井水处理工艺流程

3.2.1.4　酸性矿井水处理工艺

酸性矿井水是指 pH 小于 5.5 的矿井水，通常 pH 为 2～4，含 SO_4^{2-}、Fe^{2+}、Fe^{3+}、Mn^{2+} 及其他金属离子。如果水中 SO_4^{2-} 质量浓度较高，其矿化度与硬度也会因酸的作用而增高。矿井水呈酸性的主要原因是由于采煤活动将原来的还原环境变为氧化环境，与煤共生伴生的还原态硫铁矿被氧化成硫酸，矿井水 pH 下降。当煤系地层中的碱性矿物不足以中和酸性成分时，就形成酸性矿井水。酸性矿井水的形成与煤的赋存状态、含硫量、矿井的涌水量、密闭状态、空气流通状况以及微生物的种类和数量等有密切的关系，酸性矿井水易溶解煤层中各类可溶性物质，加剧水质恶化，例如提高矿化度和使有毒有害元素含量增加。

酸性矿井水的处理方法主要有物理法、化学法和生物法等几类。常用方法是

通过曝气和添加 $Ca(OH)_2$ 或 $CaCO_3$ 中和酸性矿井水，同时使水中的重金属离子和 SO_4^{2-} 形成沉淀从而得以去除。酸性矿井水处理工艺流程见图 3-4。

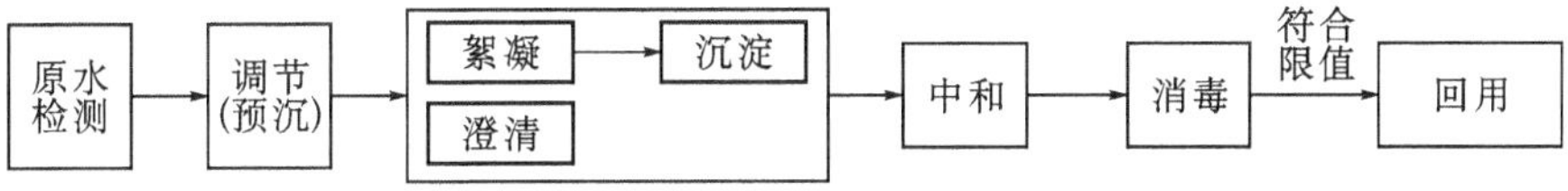

图 3-4 酸性矿井水处理工艺流程

该方法也是现阶段应用最广泛的方法，还可以通过修建缺氧的石灰岩排水渠进行被动治理。其他方法还包括：通过离子交换、电渗析和膜过滤技术去除酸性矿井水中的金属离子；被动有氧人工湿地法充分利用土壤、人工介质、植物、微生物之间的物理、化学、生物综合作用处理酸性矿井水，具备稳定水质、成本低、易操作等优点，但这种方法仅局限于有人工湿地或天然湿地条件的地区，如中国南部温暖湿润气候地区；利用硫酸盐还原菌构建硫酸盐生物反应器对酸性矿井水中的硫酸盐进行处理等。德国莱比锡等以褐煤为主的矿区，对原位含水层采用微生物硫酸盐还原法，减少了 40％的硫酸盐和 90％的铁离子，可利用草类纤维素降解产物，为硫酸盐还原菌提供碳源和能源。

上述方法存在的主要问题包括成本高、工艺复杂、效果不理想以及处理周期过长等。相比较而言，吸附法由于处理周期短、适用性强以及操作简便等特点，一般是研究和应用的重要方向。常见的低成本吸附剂包括天然吸附材料，如贝壳粉、生物炭以及黏土吸附材料等。新西兰学者自 2006 年起开始用当地资源丰富的废贻贝壳处理酸性矿井水，贻贝壳碳酸钙含量高达 90％～95％，处理效果整体优于灰岩，具备步骤简单、可持续性强、效率高等优点；美国学者在 2011 年利用活性污泥生物质的吸附特性和城市污水的碱性联合处理酸性矿井水，中和并去除金属元素。工业生产副产品、城市建筑垃圾，如废弃混凝土等以及农业废弃物，如植物堆肥等吸附材料，对酸性矿井水中的有害组分均具有较理想的吸附效果，并且来源广泛、价格低廉，部分吸附剂本身就是废弃物，因此根据地区情况就地取材，将其作为吸附剂对酸性矿井水进行净化，不但可以保护环境，还能够降低后续处理费用，但需要避免其可能诱发的二次污染问题。

3.2.1.5 含特殊污染物矿井水处理工艺

含特殊组分煤矿矿井水主要是含氟和含铁、锰矿井水，以及少量的含重金属矿井水。近年来，随着环保政策的趋严，对含特殊组分矿井水的处理利用越来越受到重视，但目前常见的处理技术都存在明显的技术缺陷，还需要通过科技创新和工程实践提高处理水平。

（1）含氟矿井水处理技术

目前含氟矿井水处理技术主要有传统的化学沉淀法、吸附法以及近年逐步发展应用的膜法等。化学沉淀法除氟是将石灰等沉淀剂投加到含氟矿井水中与氟离子反应形成氟化物沉淀，然后通过沉降或过滤等固液分离方法将氟化物沉淀从矿井水中去除。化学沉淀技术简单、处理方便、容量大，但受氟化物沉淀溶解度限制，处理后的矿井水难以达到排放标准。

吸附法除氟是利用了吸附剂的物理和化学吸附以及离子交换等作用，将含氟矿井水中的氟离子去除，常用的吸附剂主要包括活性金属氧化物（活性氧化铝、稀土金属氧化物等）、天然矿物（沸石、黏土、蒙脱石等）、天然生物质（褐煤吸附剂、壳聚糖等）。

膜分离技术已在含氟废水处理中展现了较好的应用效果，主要有反渗透技术、电渗析技术，对氟离子去除率能达到90%以上，但反渗透和电渗析技术中富集的高浓度氟化物在蒸发结晶前需结合其他除氟技术去除，另外处理成本也相对较高。

（2）含铁、锰矿井水处理技术

铁、锰是煤矿矿井水中常见的污染物，一般为低价 Fe^{2+}、Mn^{2+} 共存，处理技术主要有自然氧化法、化学试剂氧化法、接触氧化法、吸附法等。其中各类氧化法的原理都是将水中溶解性低价铁、锰离子氧化成高价铁、锰固体悬浮物，再通过沉淀过滤等方法将其分离。吸附除铁、锰与吸附除氟类似，吸附剂通过物理吸附、离子交换、络合或化学沉淀等作用吸附去除 Fe^{2+}、Mn^{2+} 离子。总体上含铁、锰矿井水处理技术已较为成熟，成本较低。含铁、锰矿井水处理工艺流程见图3-5。

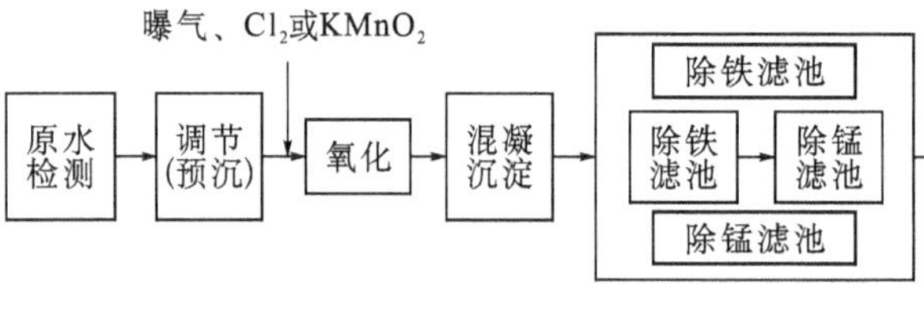

图3-5　含铁、锰矿井水处理工艺流程

3.2.2　煤矿矿井水处理技术发展趋势

在水质复杂和监管严格的新形势下，亟待通过理念创新和技术创新，大力研发矿井水处理新技术，实现矿井水的大规模、低成本处理及高效利用。

3.2.2.1　井上-井下联合高效低耗处理技术体系

相比于传统井上处理，大部分井下处理的矿井水可直接井下利用，无须升井，有效降低了水泵提升费、管路费等，并减少了地面设施的建筑费用和占地。尤其是煤矿地下水库净化技术，由于充分利用了采空区空间，可以实现对矿井水的大规模保护存储与低成本高效处理，在神东矿区经过多年的应用，已形成了基于煤矿地下水库群的大规模处理与利用体系（图 3-6），每年处理并供应给矿区的矿井水超过 1 亿 m^3，占神东矿区用水总量的 95%以上，使神东矿区矿井水利用率提升至 83%，支撑了矿区 339 km^2 的生态治理恢复用水，扭转了矿区缺水情况，大幅度减少了矿井水外排，改善了矿区生态并支撑了矿区产业发展。

图 3-6　基于煤矿地下水库群的矿井水大规模处理与利用体系

在煤矿地下水库群矿井水净化与调用的基础上，结合最新的矿井水处理技术，国家能源集团提出了矿井水井上-井下联合高效低耗处理技术体系（图 3-7）。

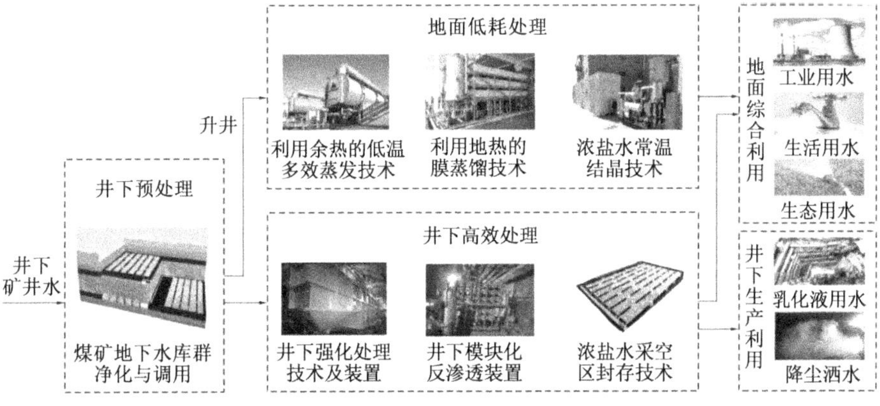

图 3-7　矿井水井上-井下联合高效低耗处理技术体系

井上-井下联合高效低耗处理技术体系分为井下预处理、井下高效处理和地面低耗处理 3 个部分。井下预处理利用煤矿地下水库自净化作用，实现大规模低成本去除矿井水中的悬浮物、降低化学需氧量（COD）和部分离子含量，并利用地下水库群存储和调配矿井水资源。但需要进一步研究矿井水与采空区冒落岩体的水岩耦合作用机理，开发利用采空区的净化强化方法。矿井水出库后，如矿井水中含有特殊组分，可以利用井下强化处理装置去除，如矿井水中矿化度较高，可以利用井下模块化反渗透装置进行浓缩脱盐，脱盐产生的浓盐水可在地下水库中存储，从而实现零排放。

目前宁煤集团灵新矿即将建成井下高效处理技术示范工程项目。灵新矿矿井水水质矿化度严重超标，达到 6 000～13 000 mg/L，项目设计工艺采用井下高密度沉降＋井下反渗透＋浓盐水采空区存储，计划在缓倾斜煤层群中建设库容为 380 万 m^3 的浓盐水储库。整体处理规模为 550 m^3/h，处理后的产品水 TDS≤500 mg/L，回收率达 85%，吨水处理成本 6.14 元（含浓盐水水库建设运行费用）。与当前地面矿井水零排放处理 10～15 元/m^3 的成本相比，该技术路线具有明显优势，在具备相应条件的矿井可进行推广应用。

3.2.2.2 利用蒸汽余热驱动低温多效蒸发的高矿化度矿井水处理技术

由于高矿化度矿井水处理成本中能耗成本占比较高，如何降低能耗成为近年来的研究新趋势。在大型煤炭基地，一般都配套建设有大型火电和煤化工项目，存在大量的蒸汽余热资源。此外，由于我国西部矿区大部分位于太阳能辐射区的第一类（6 700～8 370 MJ/m^2）或第二类（5 400～6 700 MJ/m^2）区，有丰富的太阳能资源，同时矿区的地热资源也非常丰富，这些热源配合相应的工艺，都非常适合高矿化度矿井水的处理。

利用蒸汽余热驱动的低温多效蒸发技术在海水淡化处理中已非常成熟，将这种技术应用于矿井水处理可大幅降低能耗成本，但同时重点要解决好水质波动、除硬等技术问题。目前国家能源集团正在宁东电厂设计采用电厂蒸汽余热作为热源的矿井水低温多效处理系统，若每天处理 8 000 m^3 矿井水，可给电厂每天供应淡水 5 400 m^3。产水 TDS＜10 mg/L，吨水处理成本预计为 4.86 元，与传统反渗透技术相比，在处理成本和产水水质方面均有一定优势。

膜蒸馏是近年来发展较快的海水淡化技术，通过加热海水产生蒸汽，水蒸气透过疏水膜再进行冷凝实现水盐分离。膜蒸馏最大的优势就是可以利用多种形式的能源，比较适合于新能源较为丰富的西部矿区。目前国家能源集团已经设立了相关科研项目，正在研究利用西部矿区丰富的太阳能、地热资源驱动膜蒸馏技术处理高矿化度矿井水，预计可大幅降低处理能耗成本。

3.2.2.3 “分级处理、分质利用”的矿井水处理技术

“分级处理、分质利用”的中心思想就是根据矿井水水质和最终的用途选用适合的处理技术，实现“好水高用、劣水低用”，同时避免矿井水过度处理提高成本。

目前大部分煤矿矿井水处理站按照《煤炭工业污染物排放标准》(GB 20426—2006)设计建造，该标准经过十几年的发展，逐渐暴露出指标项目偏少和标准限值偏低的问题，亟须启动修订。同时，近年来一些省份和地区一刀切的施行《地表水环境质量标准》(GB 3838—2002)中的Ⅲ类标准甚至盲目追求“零排放”，造成了矿井水处理成本居高不下。

未来矿井水处理，必将根据原水水质和利用标准选用适用的技术。而目前矿井水利用相关标准还不够系统，影响了矿井水的处理[138-147]。例如，对于煤矿矿井水重要的生态利用途径，目前大多使用的是《农田灌溉水质标准》，但由于不同矿区地理环境差异较大，该标准不适用于部分矿区的生态恢复需求。此外，矿井水蒸发结晶后生成的氯化钠和硫酸钠，由于没有相关的结晶盐标准，造成目前矿井水产盐质量差距大，难以外销，严重影响了结晶盐的后续利用。

综上，各主管部门应根据区域水环境功能，合理制定区域排放标准，同时根据各地区山水林田湖草的用水需求，因地制宜地科学制定矿井水利用标准，利用标准引领和促进矿井水实现“分级处理、分质利用”。

3.3 矿井水开发利用现状及存在问题

3.3.1 矿井水利用进程

近年来，国家逐渐重视矿井水利用工作。2005 年《国务院关于促进煤炭工业健康发展的若干意见》指出，按照高效、清洁、充分利用的原则，开展煤矸石、煤泥、煤层气、矿井排放水以及与煤共伴生资源的综合开发与利用；国家发展和改革委员会、国家能源局分别于 2006 年和 2013 年出台了《矿井水利用专项规划》和《矿井水利用发展规划》等文件，指出国家矿井水利用存在的问题并提出了发展目标，明确指出要逐步建立完善的矿井水利用法律法规体系，宏观管理政策和政策技术体系，创新技术和机制；2013 年，国务院发布的《循环经济发展战略及近期行动计

划》明确提出要推动矿井水用于矿区补充水源和周边地区生产、生活和生态环境用水；2015年国务院发布的《水污染防治行动计划》也指出要推进矿井水综合利用，煤炭矿区的补充用水、周边地区生产和生态环境用水应优先使用矿井水，加强洗煤废水循环利用；同年，环境保护部（现生态环境部）颁发了《现代煤化工建设项目环境准入条件（试行）》，文件中要求"现代煤化工发展，必须要强化节水措施，减少新鲜水用水量。在具备条件的地区，倡导优先使用矿井疏干水、再生水，禁止取用地下水作为生产用水"；2019年，《国家节水行动方案》要求在缺水地区加强矿井水等非常规水的利用。近年来，在有矿井水资源的各地市，出台的地方发展规划、循环经济发展规划等均提到要充分利用矿井水资源（矿井疏干水），但专门的矿井水资源（矿井疏干水）利用的文件目前并不多，仅有个别地市如山西省、榆林市、晋城市、鄂尔多斯市、宁夏回族自治区等地出台相关文件，如表3-2所示。

表3-2　我国矿井水资源化利用的相关文件

层面	颁布时间	部门	文件名称
国家层面	2005年	国务院	《国务院关于促进煤炭工业健康发展的若干意见》
	2006年	国家发展和改革委员会	《矿井水利用专项规划》
	2013年	国家能源局	《矿井水利用发展规划》
	2013年	国务院	《循环经济发展战略及近期行动计划》
	2015年	国务院	《水污染防治行动计划》
	2015年	环保部（现生态环境部）	《现代煤化工建设项目环境准入条件（试行）》
	2019年	国家发展和改革委员会、水利部	《国家节水行动方案》
地方层面	2008年	山西省环保厅（现山西省生态环境厅）	《关于加快汾河流域煤矿矿井水处理及回用工程项目实施的通知》
	2016年	榆林市人民政府	《关于矿井疏干水综合利用的意见》
	2016年	榆林市发展和改革委员会	《榆林市矿井疏干水综合利用规划》
	2018年	晋城市煤炭煤层气工业局	《关于推进全市地方煤矿煤矸石矿井水综合利用的通知》
	2018年	鄂尔多斯市水务局	《鄂尔多斯市矿井疏干水和再生水综合利用方案及分年度方案》

续表

层面	颁布时间	部门	文件名称
地方层面	2019 年	伊金霍洛旗人民政府	《伊金霍洛旗加快推进矿井疏干水综合利用实施意见》
	2019 年	宁东能源化工基地委员会	《宁东基地矿井疏干水利用现状及配置方案》
	2019 年	贵州省能源局	《关于加强煤矿矿井水和煤矸石综合利用调度统计分析工作的通知》

煤矿开采在我国具有悠久的历史，煤矿开采与水资源短缺及水环境损害一直以来就是一对矛盾。所以在近代煤炭规模化开采初期，我国一些缺水的煤矿就意识到要将排放的矿井水加以利用，初期做法也较为简单，就是直接将矿井水用来洗煤、选煤。更有部分煤矿将未经污染的矿井水经过简单处理后作为矿区的生活饮用水。1970 年前后，我国逐渐与英、美、日等国家建交，在煤矿生产方面等也学到了不少新技术、新方法，水处理技术也进一步提高。1968 年北京煤矿设计研究院等相关设计单位在大台煤矿展开了矿井水经深度处理进行饮用的相关研究，结果较为喜人，经处理后的矿井水达到了当时我国生活饮用水的标准。

3.3.2 现状矿井水利用状况

随着我国资源开采产业的持续发展，水资源不足已成为矿区经济发展的重要制约因素，矿井水利用是缓解矿区缺水的重要措施。根据国家统计局、煤炭行业协会数据整理，2015 年全国煤产量达到 37.5 亿 t，煤矿矿井水利用量 42.7 亿 m^3，煤矿矿井水利用率达到 68%，比 2010 年提高了 9 个百分点。2019 年全国煤产量达到 37.5 亿 t，煤矿矿井水利用量 47 亿 m^3，煤矿矿井水利用率达到 80%，比 2015 年提高了 12 个百分点，2005—2019 年全国矿井水利用情况见图 3-8，有效缓解了部分矿区的缺水问题，促进了矿区的经济发展。

目前矿井水利用的主要方向：一是矿区工业生产用水，用于煤炭生产、煤炭洗选加工，焦化厂、电厂、煤化工等用水，特别是煤炭洗选耗水量大，都已经大量利用矿井水；二是矿区生态建设用水，用于矿区绿化、降尘，矿区生态园区用水；三是生活用水，在缺水矿区，矿井水经深度净化处理后，达到生活用水标准，用作矿区居

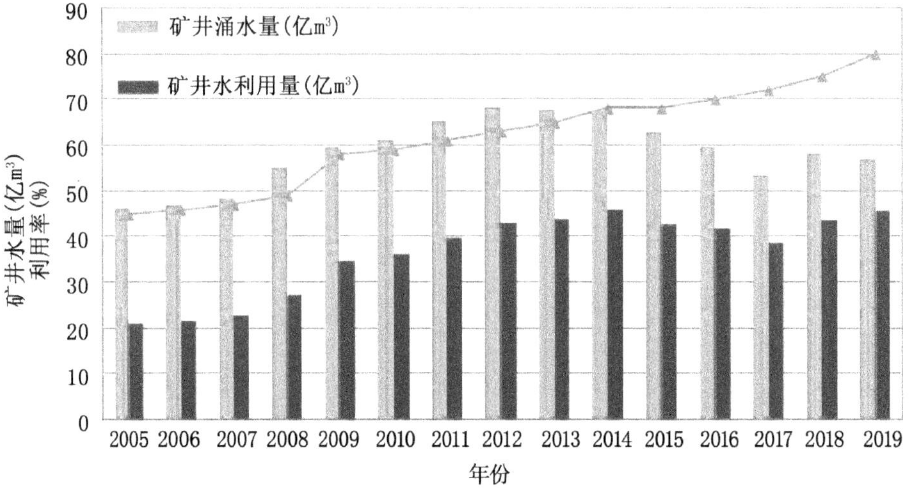

图 3-8　2005—2019 年全国矿井水利用情况

民生活用水;四是其他用水。目前部分矿区正进一步研发利用矿井水源热泵技术,将矿井水用于煤矿企业供暖、供冷、供热和生活用热水,成为煤炭企业发展低碳技术、节能减排的有效途径。少数矿区的矿井水富含有对人体有益的微量元素,已经加工成矿泉水等水产品并创出名牌。

3.3.3　矿井水利用案例

3.3.3.1　淮南顾桥煤矿矿井水利用

顾桥煤矿于 2007 年正式投产,矿井排水量基本呈逐年上升趋势,并于 2012 年达到 154.14 万 m^3的峰值,之后趋于下降并趋稳。2007—2018 年的年均矿井水涌水量为 120.49 万 m^3,见表 3-3。

表 3-3　2007—2018 年顾桥煤矿矿井水涌水量

年份	2007	2008	2009	2010	2011	2012
矿井水涌水量(万 m^3)	88	101.66	143.3	127.7	127.55	154.14
年份	2013	2014	2015	2016	2017	2018
矿井水涌水量(万 m^3)	120.9	104.99	102.85	116.42	125.74	132.58

监测数据表明,顾桥煤矿矿井水悬浮物含量高,水质呈弱碱性(见表 3-4)。

表 3-4　2007—2018 年顾桥煤矿矿井涌水水质情况

年份	2007	2008	2009	2010	2011	2012
悬浮物含量(mg/L)	1 041	1 622	576	639	737	698
COD(mg/L)	124.0	70.27	27.32	31.73	32.4	41.01
pH	8.49	9.27	9.28	9.38	9.24	8.85
年份	2013	2014	2015	2016	2017	2018
悬浮物含量(mg/L)	762	793.2	641	732	702	684
COD(mg/L)	43.76	53.9	32.3	32.1	42.1	38.6
pH	9.12	9.23	9.31	9.22	8.62	9.05

注:数据为相同时间段单次测定数值。

井下作业面及巷道中的矿井水在统一排放至井下水仓之后,通过井下水泵抽排至地面矿井水处理站,进行净化处理(见图 3-9)。处理后的外排水质符合国家《污水综合排放标准》。目前部分生产用水利用净化处理后的矿井水。矿井日常生产过程中,除生活用水和其他对水质有特殊要求的用水由水源井供给外,其他生产用水、绿化用水等均利用净化后的矿井水;另一部分经处理达标的矿井水通过排放口直接外排(见图 3-10),用于灌溉及补充河道生态环境用水,实现了水资源合理利用、节约利用和有效保护,变害为利,不仅有效治理了水害,而且节约了资源,保护了生态环境,产生了良好的经济效益。

图 3-9　顾桥煤矿南区从井下水仓抽至初沉池的矿井水

图 3-10　顾桥煤矿已处理的矿井水通过排放口直接外排

3.3.3.2　淮北袁店一矿矿井水利用

如图 3-11 所示为淮北矿业袁店一矿技术人员在监测井下水治理及利用情况。目前,淮北矿业集团对 20 多个矿井实施矿井水循环利用工程后,每年可节约水资源 4 000 多万 m^3,节约生产成本 1.6 亿元,实现了资源开发的生态效益、经济效益和社会效益的共赢。

图 3-11　淮北矿业袁店一矿矿井水循环利用

3.3.3.3　郑煤集团超化煤矿矿井水利用

如图 3-12 所示，在新密市郊的郑煤集团超化煤矿的污水净化处理中心，从地下数百米深处排出的浑浊灰黑矿井水源源不断地进入大型设备中，通过多重处理后变成了清冽干净的饮用水。设备共有 5 台机组，每小时可净化 350 t 矿井水，净化后可达到饮用水标准。通过矿井水循环利用，2014 年超化煤矿全年节水净化 100 多万 m^3，年节约 200 余万元。另有 300 多 t 矿井水经过简单处理后用于矿区绿化、冲洗，或浇灌周围农田。超化煤矿还建起了小型纯净水厂，把初步净化后的矿井水进一步加工，年生产 180 万 m^3 纯净水。超化煤矿每个矿工下井时要领取一瓶饮用水，过去全要从外边购买，现在完全可以自给。

图 3-12　郑煤集团超化煤矿矿井水沉淀池

为充分利用"变废为宝"的污水，超化煤矿还通过废水综合循环利用机组提取矿井水中的能量，不仅为企业全体员工提供了洗浴用水，还为总面积 1.8 万 m^2 的房间提供了冷暖空调。

3.3.3.4　山东蒋庄煤矿矿井水利用

蒋庄煤矿矿井水处理站年处理能力达 10 500 m^3/d，年处理污水 410 万 m^3。处理后的矿井水广泛用于该矿美源热电厂循环冷却水、洗煤厂洗煤补水、井上下防尘、消防冲厕、矿井园林绿化(见图 3-13)、地面冲刷降尘等用水。

蒋庄煤矿生活污水处理站主要担负着周边单位的生活污水处理任务，处理能力为 7 500 m^3/d。处理后的水质能达到《污水综合排放标准》中的一级标准。随着蒋庄煤矿被国家列入南水北调流域重点管控企业，其对污水排放指标的要求越

图 3-13　山东蒋庄煤矿矿井园林绿化

来越高，该矿投资 500 万元对生活污水站进行升级改造后，处理能力增至 8 000 m^3/d。处理后的水质达到《地表水环境质量标准》中的Ⅲ类标准，符合南水北调流域水质要求。据了解，蒋庄煤矿还将进一步对系统进行升级改造，使氨氮、总磷、总氮达到地表水Ⅲ类水排放标准。

该矿按照“属地管理、各负其责”的要求，组织对污水管网进行疏通，今年共清挖污水沟 6 000 余 m、化粪池 100 余个、污水井 100 多个、排水沟 6 000 余 m。

雨污分流后能加快污水收集率，提高污水处理率，避免污水对河道、地下水造成污染，既能明显改善矿井水环境，还能降低污水处理成本。

3.3.4　矿井水开发利用存在问题

我国矿井水资源利用，不论处理技术还是综合利用都有了很大进展，但在与常规水资源统一配置利用管理的各个环节中还存在很多问题，主要有以下几个方面：

(1) 矿井水资源利用意识不强。随着人们生态环保意识的增强，水资源环境也日益受到重视，但矿井水处理后直接排放的现象仍大量存在，人们还缺少综合利用的意识。在环保方面，没有系统完善地分析矿井水水质，在回收利用时，缺少针对性。此外，在矿井水资源化利用方面，政府缺少引导规划。政府应将矿井水资源化作为矿区生态发展规划，提高矿区企业矿井水资源化的积极性，增加矿区矿井水综合利用用途，使矿井水有效替代地表水。

(2) 矿井水处理技术需进一步提高。很多煤矿一直沿用落后的矿井水资源化处理设备和工艺，没有根据本地域矿井水的水质特点进行处理，甚至有的煤矿直接照搬地表水厂的成熟设备，处理工艺方法与水质类型不符，导致出水水质达不到初期设计要求。矿井水处理站自动化程度不高，投药量不易控制，工人劳动强度大，直接影响矿井水处理效果。应加强科技投入，细致深入、针对性地研究矿井水资源化技术，提高矿井水处理技术，提高综合利用率。

(3) 矿井水资源利用潜力不清。矿井水利用牵涉各矿山开采行业、水资源管理部门、市政供水部门等，缺乏统一的监督检查、行业协调和统计信息服务等，基础数据不全，且矿井水资源的有关概念都没有厘清，所以全国矿井水资源综合利用潜力不清。

(4) 矿井水利用区域发展不平衡。矿井水利用作为建设绿色矿山、节约水资源、发展循环经济的战略措施，整体发展很快，但仍然有部分企业缺乏责任意识，把矿井水利用作为解决缺水问题的临时措施，使得矿井水利用率整体偏低，目前全国煤矿矿井水平均利用率只有 80%，且发展不平衡，山西、内蒙古等缺水地区利用率达到 90%，河北、山东、安徽、河南、黑龙江、陕西等省区利用率也达到 80%左右，而东南、西南等丰水地区矿区利用率只有 65%左右。

(5) 矿井水利用管理薄弱。矿井水利用牵涉各矿山开采行业、水资源管理部门、市政供水部门等，缺乏统一的监督检查、行业协调和统计信息服务等，基础数据不全，缺少管理的规章制度和技术指标标准，无法宏观管理和调控。

(6) 矿井水利用标准体系不健全。我国缺少完善的矿井水资源化利用标准规范，对其处理过程及最后的水质监督和管理也不到位。各个矿区矿井水水质类型不同，应该根据不同矿区矿井水水质，采用不同的处理设备工艺；不同时期矿井水水质也会发生变化，需要投放的药剂量也不同。因此，需要研究矿井水利用技术标准体系，使矿井水得到充分有效的利用。

3.4　矿井水开发利用潜力评价

3.4.1　矿井水资源综合利用潜力估算方法

依据《全国矿产资源规划(2016—2020 年)》和《煤炭工业发展“十三五”规划》，“十三五”期间全国已投产和规划建设 162 个煤矿矿区，分布在晋东、晋中、晋北、陕北、黄陇、宁东、神东、新疆、蒙东、冀中、鲁西、河南、两淮和云贵等 14 个大型煤矿基地，可将这些煤矿基地中的各类矿井按照已投产运行、规划建设分为两类，估算现状年、规划水平年2020—2025—2030年煤矿矿井水资源综合利用潜力：

（1）已投产运行类矿井水资源综合利用潜力

作者采用实地调研的方法对该类矿井水资源综合利用情况进行了全面调查，重点搜集已建成矿井的矿井水涌水量、处理损失量、矿区自用水量及外排水量等，结合煤矿开采能力，推算现状及2020—2025—2030年矿井水资源综合利用潜力。

（2）规划建设类矿井水资源综合利用潜力

搜集规划建设类矿井的水文地质资料，结合矿井未来开采方式，采用大井法、廊道法、水文比拟法等对2020—2025—2030年矿井水涌水量、矿井水排放量进行预测，根据设计处理能力确定矿井水可利用量，利用清洁生产用水定额估算矿井自用水量，从而可预测矿井水综合利用潜力。

3.4.2 吨煤涌水量

吨煤涌水量是指生产矿井在某时期排出水量与同一时期内煤炭产量的比值。吨煤涌水量受气候、地质、水文地质条件等自然因素和开采方法、开采强度、开采深度等人为因素的影响，变化很大。同一矿井在不同时期（雨季或旱季，丰水年或干旱年），吨煤涌水量的变动范围也很大。全国煤矿平均吨煤涌水量为2.04 m^3/t，即每生产1 t煤需要排水2.04 m^3。吨煤涌水量平均值超过5 m^3/t的省区有广西、湖北、重庆、江西、湖南、福建、四川等7个省区（图3-14）。

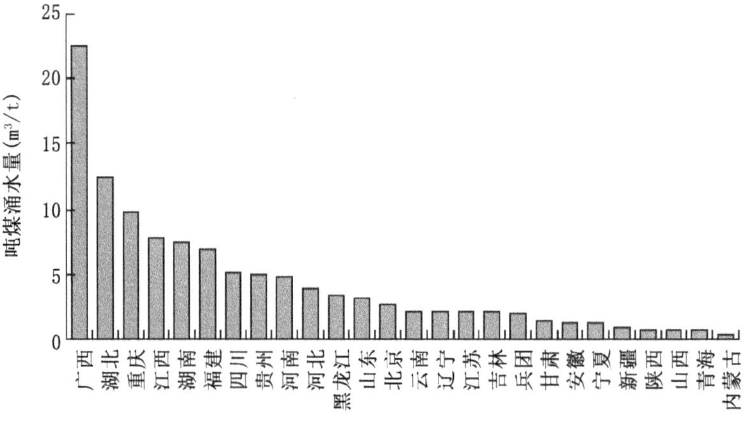

图3-14　全国主要煤矿地区吨煤涌水量

全国共有61处煤矿的矿井正常涌水量超过1 000 m^3/h，其中河南18处，河北 11 处，山东 7 处，内蒙古 6 处，黑龙江 5 处，陕西 3 处，山西、广西、重庆各 2 处，辽宁、江苏、安徽、江西、四川各 1 处。地下开采煤矿的矿井涌水量最大的是位于陕西省的神东锦界煤矿，矿井正常涌水量高达 4 900 m^3/h，最大涌水量达 5 499 m^3/h；其次是位于河南省的焦煤集团的演马庄煤矿，矿井正常涌水量为 4 500 m^3/h，最大涌水量为 5 400 m^3/h。露天开采煤矿最大的是位于内蒙古东部的元宝山煤矿，矿井正常涌水量为 11 250 m^3/h，最大涌水量为 12 500 m^3/h。

根据生产矿井的实际吨煤涌水量（多年平均值），借助比拟法，可以大致预计新设计矿井的涌水量。其应用条件是，新、老矿井的水文地质条件相似，采煤方法与参数相同或基本类似。

3.4.3 规划水平年 2020 年矿井水资源综合利用潜力

3.4.3.1 全国范围

由于我国各地区矿井水资源情况及利用的基础和条件不同，各煤炭基地应因地制宜地选择矿井水利用发展方向和利用重点，最大限度地提高矿井水利用率，增加经济效益，节约水资源，保护矿区生态环境。经分析，2020 年全国规划原煤产量 44.0 亿 t，其中 14 个煤炭基地煤产量占全国煤产量的 95%。2020 年煤矿矿井水资源量达到 75.0 亿 m^3，矿井水资源可利用量达 65.0 亿 m^3，2015 年现状年矿井水实际利用量 42.7 亿 m^3，煤矿矿井水资源综合利用潜力约 22.3 亿 m^3，加上非煤矿山矿井水资源综合利用潜力约 5 亿 m^3，2020 年矿井水资源综合利用潜力为 27.3 亿 m^3。见表 3-5。

表 3-5 2020 年全国规划煤矿矿井水资源综合利用潜力计算表

地区	2020 年规划原煤产量（亿 t）	2020 年矿井水资源量（亿 m^3）	2020 年矿井水可利用量（亿 m^3）	2015 年现状年矿井水实际利用量（亿 m^3）	2020 年矿井水综合利用潜力（亿 m^3）
东北	0.8	1.9	1.8	1.2	0.6
华北	22.0	21.5	18.5	14.2	4.3
华东	3.2	6.5	6.1	4.8	1.3
中南	2.8	16.8	14.2	8.3	5.9
西南	4.4	20.3	17.2	7.8	9.4
西北	10.8	8.0	7.2	6.4	0.8
合计	44.0	75.0	65.0	42.7	22.3

我国煤矿矿井水资源综合利用潜力较大的地区主要分布在西南和中南地区，其他地区综合利用潜力有限。各地区矿井水资源利用发展方向和利用重点如下：

① 东北地区，包括黑龙江、吉林、辽宁三省。东北地区煤矿矿井水水质较好，绝大部分为悬浮物型矿井水，经过常规处理后可作为生产、生活用水。煤炭企业大力开展矿井水净化利用工程，将处理后的矿井水送入市政管网供居民使用，取得了较好收益。2020 年，规划煤炭产量为 0.8 亿 t，矿井水资源量约 1.9 亿 m^3，矿井水可利用量约 1.8 亿 m^3，2015 年现状年矿井水实际利用量 1.2 亿 m^3，则 2020 年煤矿矿井水综合利用潜力为 0.6 亿 m^3。

② 华北地区，包括山西、河北、内蒙古等省区。该地区是我国最大的产煤地区，大部分矿区缺水乃至严重缺水，生产、生活用水供应严重不足，为缓解用水紧张，各矿区都积极开展矿井水利用，成效显著。2020 年，规划煤炭产量为 22.0 亿 t，矿井水资源量约 21.5 亿 m^3，矿井水可利用量约 18.5 亿 m^3，2015 年现状年矿井水实际利用量 14.2 亿 m^3，则 2020 年煤矿矿井水综合利用潜力为 4.3 亿 m^3。

③ 华东地区，包括山东、安徽、江西、江苏、福建等省区。该地区是我国重点产煤区。山东的龙口、新汶，江苏的大屯、徐州，安徽的淮北等矿区的矿井水为苦咸水，其余大部分矿井水主要为悬浮物型矿井水。2020 年，规划煤炭产量为 3.2 亿 t，矿井水资源量约 6.5 亿 m^3，矿井水可利用量约 6.1 亿 m^3，2015 年现状年矿井水实际利用量 4.8 亿 m^3，则 2020 年煤矿矿井水综合利用潜力为 1.3 亿 m^3。

④ 中南地区，包括河南、湖南、湖北、广西等省区。其中河南、湖南是该地区的重要产煤省份。中南地区由于地质等原因，吨煤涌水量大，大涌水矿区基本分布在该地区，但区域内各省矿井水利用水平很不平衡。2020 年，规划煤炭产量为 2.8 亿 t，矿井水资源量约 16.8 亿 m^3，矿井水可利用量约 14.2 亿 m^3，2015 年现状年矿井水实际利用量 8.3 亿 m^3，则 2020 年煤矿矿井水综合利用潜力为 5.9 亿 m^3。

⑤ 西南地区，包括贵州、云南、四川等省区。西南地区因其地质、气候等条件，涌水量较大，绝大部分为悬浮物型矿井水，经过常规处理可作为生产、生活用水。2020 年，规划煤炭产量为 4.4 亿 t，矿井水资源量约 20.3 亿 m^3，矿井水可利用量约 17.2 亿 m^3，2015 年现状年矿井水实际利用量 7.8 亿 m^3，则 2020 年煤矿矿井水综合利用潜力为 9.4 亿 m^3。

⑥ 西北地区，包括陕西、甘肃、新疆、宁夏、青海等省区。该地区是我国主要产煤地区之一。西北地区大部分矿区涌水较少，只有部分矿区因距河套较近涌水较多，该区域严重缺水，生产生活用水困难，亟须提高矿井水利用率，且矿井水多

属苦咸水，因此工作重点主要是进行苦咸水淡化，以缓解矿区生产和生活用水紧张局面。2020 年，规划煤炭产量为 10.8 亿 t，矿井水资源量约 8.0 亿 m^3，矿井水可利用量约 7.2 亿 m^3，2015 年现状年矿井水实际利用量 6.4 亿 m^3，则到 2020 年煤矿矿井水综合利用潜力为 0.8 亿 m^3。

3.4.3.2　典型煤炭基地

2020 年，鲁西、冀中、河南、两淮、蒙东(东北)和云贵 6 个典型煤炭基地的矿井水资源可利用量为 31.0 亿 m^3，矿井水资源综合利用潜力约 9.1 亿 m^3(见表 3-6)。

表 3-6　2020 年 6 个典型煤炭基地矿井水资源综合利用潜力

地区	2020 年规划原煤产量(亿 t)	2020 年矿井水资源量(亿 m^3)	2020 年矿井水资源可利用量(亿 m^3)	2015 年现状矿井水实际利用量(亿 m^3)	2020 年矿井水资源综合利用潜力(亿 m^3)
鲁西	1.0	2.5	2.2	1.5	0.7
冀中	0.6	3.8	3.4	3.0	0.4
河南	1.4	7.0	4.9	2.7	2.2
两淮	1.3	3.2	2.7	2.0	0.7
蒙东(东北)	4.0	9.5	8.3	6.1	2.2
云贵	2.6	13.6	9.5	6.6	2.9
合计	10.9	39.6	31.0	21.9	9.1

6 个典型煤炭基地中，矿井水资源综合利用潜力较大的为云贵、河南和蒙东(东北)煤炭基地，其他地区综合利用潜力有限。各基地矿井水资源利用发展方向和利用重点如下：

① 鲁西煤炭基地。该基地矿井水主要为悬浮物型。2020 年，规划煤炭产量为 1.0 亿 t，矿井水资源量约 2.5 亿 m^3，矿井水可利用量约 2.2 亿 m^3，2015 年现状年矿井水实际利用量 1.5 亿 m^3，则 2020 年煤矿矿井水综合利用潜力为 0.7 亿 m^3。

② 冀中煤炭基地。该基地大部分矿区为缺水乃至严重缺水状态，生产、生活用水供应严重不足，为缓解用水紧张，各矿区都积极开展矿井水利用，成效显著。2020 年，规划煤炭产量为 0.6 亿 t，矿井水资源量约 3.8 亿 m^3，矿井水可利用量约 3.4 亿 m^3，2015 年现状年矿井水实际利用量 3.0 亿 m^3，则 2020 年煤矿矿井水综合利用潜力只有 0.4 亿 m^3。

③ 河南煤炭基地。该基地由于地质等原因，吨煤涌水量较大，但各矿井的矿井水利用水平很不平衡。2020 年，规划煤炭产量为 1.4 亿 t，矿井水资源量约 7.0亿 m^3，矿井水可利用量约 4.9 亿 m^3，2015 年现状年矿井水实际利用量 2.7 亿 m^3，则 2020 年煤矿矿井水综合利用潜力为 2.2 亿 m^3。

④ 两淮煤炭基地。安徽淮北矿区矿井水为苦咸水，淮南矿区矿井水主要为悬浮物型。2020 年，规划煤炭产量为 1.3 亿 t，矿井水资源量约 3.2 亿 m^3，矿井水可利用量约 2.7 亿 m^3，2015 年现状年矿井水实际利用量 2.0 亿 m^3，则 2020 年煤矿矿井水综合利用潜力为 0.7 亿 m^3。

⑤ 蒙东（东北）煤炭基地。该基地煤矿矿井水水质较好，绝大部分为悬浮物型矿井水，经过常规处理后可作为生产、生活用水，煤炭企业大力开展矿井水净化利用工程，将处理后的矿井水送入市政管网供居民使用，取得了较好收益。2020 年，规划煤炭产量为 4.0 亿 t，矿井水资源量约 9.5 亿 m^3，矿井水可利用量约 8.3 亿 m^3，2015 年现状年矿井水实际利用量 6.1 亿 m^3，则 2020 年煤矿矿井水综合利用潜力为 2.2 亿 m^3。

⑥ 云贵煤炭基地。该基地因地质、气候等条件，涌水量较大，绝大部分为悬浮物型矿井水，经常规处理后可作为生产、生活用水。2020 年，规划煤炭产量为 2.6亿 t，矿井水资源量约 13.6 亿 m^3，矿井水可利用量约 9.5 亿 m^3，2015 年现状年矿井水实际利用量 6.6 亿 m^3，则 2020 年煤矿矿井水综合利用潜力为 2.9 亿 m^3。

3.4.4 规划水平年 2025 年矿井水资源综合利用潜力

3.4.4.1 全国范围

经分析，到 2025 年全国规划原煤产量 42.2 亿 t，其中 14 个煤炭基地煤产量占全国煤产量的 95%。煤矿矿井水资源量达到 72.5 亿 m^3，矿井水资源可利用量达 63.0 亿 m^3，2015 年现状年矿井水实际利用量 42.7 亿 m^3，2025 年煤矿矿井水资源综合利用潜力约 20.3 亿 m^3，加上非煤矿山矿井水资源综合利用潜力约 5 亿 m^3，到 2025 年矿井水资源综合利用潜力可达 25.3 亿 m^3。见表 3-7。

2025 年，我国煤矿矿井水资源综合利用潜力较大的为西南和中南地区，其他地区综合利用潜力有限。各地区矿井水资源利用发展方向和利用重点如下：

① 东北地区。到 2025 年，规划煤炭产量为 0.7 亿 t，矿井水资源量约 1.8 亿 m^3，矿井水可利用量约 1.7 亿 m^3，2015 年现状年矿井水实际利用量 1.2 亿 m^3，则到 2025 年煤矿矿井水综合利用潜力尚有 0.5 亿 m^3。

表 3-7　2025 年全国规划煤矿矿井水资源综合利用潜力计算表

地区	2025 年规划原煤产量（亿 t）	矿井水资源量（亿 m^3）	矿井水可利用量（亿 m^3）	2015 年现状年矿井水实际利用量（亿 m^3）	2025 年矿井水综合利用潜力（亿 m^3）
东北	0.7	1.8	1.7	1.2	0.5
华北	20.6	21.1	18.2	14.2	4.0
华东	2.8	6.3	6.0	4.8	1.2
中南	2.2	14.7	12.7	8.3	4.4
西南	4.3	19.8	16.8	7.8	9.0
西北	11.6	8.8	7.6	6.4	1.2
合计	42.2	72.5	63.0	42.7	20.3

② 华北地区。到 2025 年，规划煤炭产量为 20.6 亿 t，矿井水资源量约 21.1 亿 m^3，矿井水可利用量约 18.2 亿 m^3，2015 年现状年矿井水实际利用量 14.2 亿 m^3，则到 2025 年煤矿矿井水综合利用潜力只有 4.0 亿 m^3。

③ 华东地区。到 2025 年，规划煤炭产量为 2.8 亿 t，矿井水资源量约 6.3 亿 m^3，矿井水可利用量约 6.0 亿 m^3，2015 年现状年矿井水实际利用量 4.8 亿 m^3，则到 2025 年煤矿矿井水综合利用潜力尚有 1.2 亿 m^3。

④ 中南地区。到 2025 年，规划煤炭产量为 2.2 亿 t，矿井水资源量约 14.7 亿 m^3，矿井水可利用量约 12.7 亿 m^3，2015 年现状年矿井水实际利用量 8.3 亿 m^3，则到 2025 年煤矿矿井水综合利用潜力尚有 4.4 亿 m^3。

⑤ 西南地区。到 2025 年，规划煤炭产量为 4.3 亿 t，矿井水资源量约 19.8 亿 m^3，矿井水可利用量约 16.8 亿 m^3，2015 年现状年矿井水实际利用量 7.8 亿 m^3，则到 2025 年煤矿矿井水综合利用潜力尚有 9.0 亿 m^3。

⑥ 西北地区。到 2025 年，规划煤炭产量为 11.6 亿 t，矿井水资源量约 8.8 亿 m^3，矿井水可利用量约 7.6 亿 m^3，2015 年现状年矿井水实际利用量 6.4 亿 m^3，则到 2025 年煤矿矿井水综合利用潜力尚有 1.2 亿 m^3。

3.4.4.2　典型煤炭基地

2025 年，鲁西、冀中、河南、两淮、蒙东（东北）和云贵 6 个典型煤炭基地的矿井水资源可利用量 29.9 亿 m^3，矿井水资源综合利用潜力约 8.0 亿 m^3（见表 3-8）。

表 3-8　2025 年 6 个典型煤炭基地矿井水资源综合利用潜力

地区	2025 年规划原煤产量*（亿 t）	矿井水资源量（亿 m^3）	矿井水资源可利用量（亿 m^3）	2015 年现状矿井水实际利用量（亿 m^3）	2025 年矿井水资源综合利用潜力（亿 m^3）
鲁西	1.0	2.5	1.9	1.4	0.5
冀中	0.6	3.8	3.5	3.0	0.5
河南	1.3	6.6	4.8	2.7	2.1
两淮	1.3	2.9	2.5	2.0	0.5
蒙东（东北）	3.4	9.1	8.0	6.2	1.8
云贵	2.6	13.4	9.2	6.6	2.6
合计	10.2	38.3	29.9	21.9	8.0

* 注：引自《废弃矿井水资源开发利用战略研究》，科学出版社，2020 年 7 月。

2025 年，6 个典型煤炭基地中，矿井水资源综合利用潜力较大的为云贵、河南和蒙东（东北）煤炭基地，其他地区综合利用潜力有限。各基地矿井水资源利用发展方向和利用重点如下：

① 鲁西煤炭基地。到 2025 年，规划煤炭产量为 1.0 亿 t，矿井水资源量约 2.5亿 m^3，矿井水可利用量约 1.9 亿 m^3，2015 年现状年矿井水实际利用量 1.4 亿 m^3，则到 2025 年煤矿矿井水综合利用潜力尚有 0.5 亿 m^3。

② 冀中煤炭基地。到 2025 年，规划煤炭产量为 0.6 亿 t，矿井水资源量约 3.8亿 m^3，矿井水可利用量约 3.5 亿 m^3，2015 年现状年矿井水实际利用量 3.0 亿 m^3，则到 2025 年煤矿矿井水综合利用潜力只有 0.5 亿 m^3。

③ 河南煤炭基地。到 2025 年，规划煤炭产量为 1.3 亿 t，矿井水资源量约 6.6亿 m^3，矿井水可利用量约 4.8 亿 m^3，2015 年现状年矿井水实际利用量 2.7 亿 m^3，则到 2025 年煤矿矿井水综合利用潜力尚有 2.1 亿 m^3。

④ 两淮煤炭基地。到 2025 年，规划煤炭产量为 1.3 亿 t，矿井水资源量约 2.9亿 m^3，矿井水可利用量约 2.5 亿 m^3，2015 年现状年矿井水实际利用量 2.0 亿 m^3，则到 2025 年煤矿矿井水综合利用潜力尚有 0.5 亿 m^3。

⑤ 蒙东（东北）煤炭基地。到 2025 年，规划煤炭产量为 3.4 亿 t，矿井水资源量约9.1亿 m^3，矿井水可利用量约 8.0 亿 m^3，2015 年现状年矿井水实际利用量 6.2 亿 m^3，则到 2025 年煤矿矿井水综合利用潜力尚有1.8亿 m^3。

⑥ 云贵煤炭基地。该基地因地质、气候等条件，涌水量较大，绝大部分为悬浮物型矿井水，经过常规处理可作为生产、生活用水。到2025年，规划煤炭产量为2.6亿t，矿井水资源量约13.4亿m^3，矿井水可利用量约9.2亿m^3，2015年现状年矿井水实际利用量6.6亿m^3，则到2025年煤矿矿井水综合利用潜力尚有2.6亿m^3。

3.4.5 规划水平年2030年矿井水资源综合利用潜力

3.4.5.1 全国范围

经分析，到2030年全国规划原煤产量41.0亿t，其中14个煤炭基地煤产量占全国煤产量的95%。煤矿矿井水资源量达到71.0亿m^3，矿井水资源可利用量达60.0亿m^3，2015年现状年矿井水实际利用量42.7亿m^3，煤矿矿井水资源综合利用潜力约17.3亿m^3，加上非煤矿山矿井水资源综合利用潜力约5亿m^3，到2030年矿井水资源综合利用潜力可达22.3亿m^3。见表3-9。

表3-9 2030年全国规划煤矿矿井水资源综合利用潜力计算表

地区	2030年规划原煤产量（亿t）	矿井水资源量（亿m^3）	矿井水可利用量（亿m^3）	2015年现状年矿井水实际利用量（亿m^3）	2030年矿井水综合利用潜力（亿m^3）
东北	0.6	1.7	1.6	1.2	0.4
华北	20.8	21.2	18.3	14.2	4.1
华东	2.2	5.8	4.9	4.8	0.1
中南	1.7	13.9	11.1	8.3	2.8
西南	3.9	19.5	16.2	7.8	8.4
西北	11.8	8.9	7.9	6.4	1.5
合计	41.0	71.0	60.0	42.7	17.3

2030年，我国煤矿矿井水资源综合利用潜力较大的地区为西南和中南地区，其他地区综合利用潜力有限。各地区矿井水资源利用发展方向和利用重点如下：

① 东北地区。到2030年，规划煤炭产量为0.6亿t，矿井水资源量约1.7亿m^3，矿井水可利用量约1.6亿m^3，2015年现状年矿井水实际利用量1.2亿m^3，则到2030年煤矿矿井水综合利用潜力尚有0.4亿m^3。

② 华北地区。到2030年，规划煤炭产量为20.8亿t，矿井水资源量约21.2亿m^3，矿井水可利用量约18.3亿m^3，2015年现状年矿井水实际利用量

14.2 亿 m^3，则到 2030 年煤矿矿井水综合利用潜力只有 4.1 亿 m^3。

③ 华东地区。到 2030 年，规划煤炭产量为 2.2 亿 t，矿井水资源量约 5.8 亿 m^3，矿井水可利用量约 4.9 亿 m^3，2015 年现状年矿井水实际利用量 4.8 亿 m^3，则到 2030 年煤矿矿井水综合利用潜力尚有 0.1 亿 m^3。

④ 中南地区。到 2030 年，规划煤炭产量为 1.7 亿 t，矿井水资源量约 13.9 亿 m^3，矿井水可利用量约 11.1 亿 m^3，2015 年现状年矿井水实际利用量 8.3 亿 m^3，则到 2030 年煤矿矿井水综合利用潜力尚有 2.8 亿 m^3。

⑤ 西南地区。到 2030 年，规划煤炭产量为 3.9 亿 t，矿井水资源量约 19.5 亿 m^3，矿井水可利用量约 16.2 亿 m^3，2015 年现状年矿井水实际利用量 7.8 亿 m^3，则到 2030 年煤矿矿井水综合利用潜力尚有 8.4 亿 m^3。

⑥ 西北地区。到 2030 年，规划煤炭产量为 11.8 亿 t，矿井水资源量约 8.9 亿 m^3，矿井水可利用量约 7.9 亿 m^3，2015 年现状年矿井水实际利用量 6.4 亿 m^3，则到 2030 年煤矿矿井水综合利用潜力尚有 1.5 亿 m^3。

3.4.5.2 典型煤炭基地

2030 年，鲁西、冀中、河南、两淮、蒙东（东北）和云贵 6 个典型煤炭基地的矿井水资源可利用量为 28.5 亿 m^3，矿井水资源综合利用潜力约 6.6 亿 m^3（见表 3-10）。

表 3-10　2030 年 6 个典型煤炭基地矿井水资源综合利用潜力

地区	2030 年规划原煤产量*（亿 t）	2030 年矿井水资源量（亿 m^3）	2030 年矿井水资源可利用量（亿 m^3）	2015 年现状矿井水实际利用量（亿 m^3）	2030 年矿井水资源综合利用潜力（亿 m^3）
鲁西	0.9	2.4	1.9	1.5	0.4
冀中	0.5	3.7	3.4	3.0	0.4
河南	1.2	6.2	4.6	2.7	1.9
两淮	1.1	2.8	2.3	2.0	0.3
蒙东（东北）	3.2	8.6	7.4	6.1	1.3
云贵	2.5	13.1	8.9	6.6	2.3
合计	9.4	36.8	28.5	21.9	6.6

* 注：引自《废弃矿井水资源开发利用战略研究》，科学出版社，2020 年 7 月。

2030 年，6 个典型煤炭基地中，矿井水资源综合利用潜力较大的为云贵、河南

和蒙东(东北)煤炭基地,其他地区综合利用潜力有限。各基地矿井水资源利用发展方向和利用重点如下:

① 鲁西煤炭基地。到 2030 年,规划煤炭产量为 0.9 亿 t,矿井水资源量约2.4亿 m^3,矿井水可利用量约 1.9 亿 m^3, 2015 年现状年矿井水实际利用量1.5 亿 m^3,则到 2030 年煤矿矿井水综合利用潜力尚有 0.4 亿 m^3。

② 冀中煤炭基地。到 2030 年,规划煤炭产量为 0.5 亿 t,矿井水资源量约3.7亿 m^3,矿井水可利用量约 3.4 亿 m^3, 2015 年现状年矿井水实际利用量3.0 亿 m^3,则到 2030 年煤矿矿井水综合利用潜力只有 0.4 亿 m^3。

③ 河南煤炭基地。到 2030 年,规划煤炭产量为 1.2 亿 t,矿井水资源量约6.2亿 m^3,矿井水可利用量约 4.6 亿 m^3, 2015 年现状年矿井水实际利用量2.7 亿 m^3,则到 2030 年煤矿矿井水综合利用潜力尚有 1.9 亿 m^3。

④ 两淮煤炭基地。到 2030 年,规划煤炭产量为 1.1 亿 t,矿井水资源量约2.8亿 m^3,矿井水可利用量约 2.3 亿 m^3, 2015 年现状年矿井水实际利用量2.0 亿 m^3,则到 2030 年煤矿矿井水综合利用潜力尚有 0.3 亿 m^3。

⑤ 蒙东(东北)煤炭基地。到 2030 年,规划煤炭产量为 3.2 亿 t,矿井水资源量约8.6亿 m^3,矿井水可利用量约 7.4 亿 m^3, 2015 年现状年矿井水实际利用量6.1 亿 m^3,则到 2030 年煤矿矿井水综合利用潜力尚有 1.3 亿 m^3。

⑥ 云贵煤炭基地。到 2030 年,规划煤炭产量为 2.5 亿 t,矿井水资源量约13.1亿 m^3,矿井水可利用量约 8.9 亿 m^3, 2015 年现状年矿井水实际利用量6.6 亿 m^3,则到 2030 年煤矿矿井水综合利用潜力尚有 2.3 亿 m^3。

第四章　矿井水安全利用模式研究

4.1　矿井水利用对象

矿井水资源的利用作为非常规水资源利用的一部分，已经被写入《中国节水技术政策大纲》，成为国家指导性战略。结合目前的矿区水环境现状及矿井水处理工艺，根据处理后水的使用功能和面向的对象，可将矿井水资源利用分为工业、生活、农业与生态环境等领域[148-151]。通常，为了最大化、资源化利用矿井水，一般按照“清污分流，分质处理，分级应用”的原则来处理矿井水。考虑其运输成本和处理体量，矿井水利用顺序依次分为：先井下后地面，先工业后生活和农业（图4-1）。

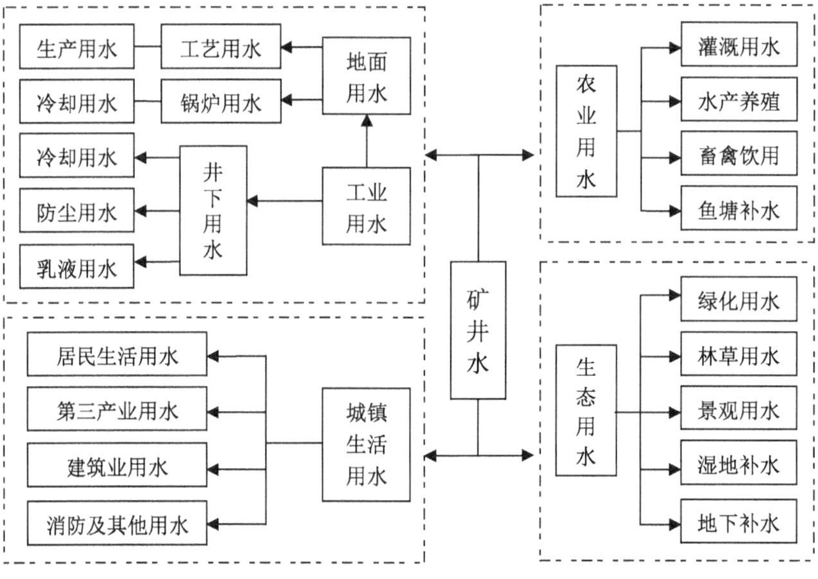

图 4-1　矿井水利用对象

根据煤炭行业协会数据及作者调查分析，2018 年的矿井水资源化利用中，工业用水占比达 59%；生态环境用水次之，为 32%；农业用水最少，仅为 1%（图

4-2)。其他年份矿井水资源化利用中工业用水和生态环境用水也基本占据80%以上。工业方面,资源化利用的矿井水主要用于煤炭开采及加工过程中的井下灭火、除尘、防爆、洗煤、消防等;生态方面,主要用于生态绿化、河道补水等方面;民用和农业方面,主要用于浴室、锅炉用水和灌溉用水。其他方面,矿井水基本上属于采矿区内部利用。

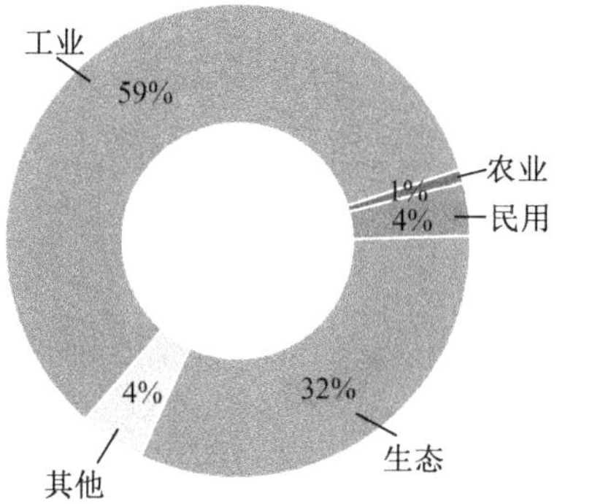

图4-2 2018年煤矿矿井水分行业利用情况

4.1.1 矿井水用于工农业生产及生态环境

根据用水的相对空间位置,将工业用水划分为井下用水以及地面用水。在煤矿井下,处理后的矿井水主要用于乳液配制、防尘与冷却用水;在地面上,多用于绿化、道路降尘洒水、选煤厂用水等。通常,处理后的矿井水量远大于煤矿自身工业消耗量,大部分处理后的剩余矿井水可通过外排输送管线向周边企业提供生产用水,包括坑口电厂、煤制油、煤制气、矸石电厂、天然油气田注水驱油气等煤化工项目。例如淮南谢桥煤矿矿井水采用反渗透过滤工艺,产水能力5 000 m^3/d,回收率70%,处理后的纯水供工厂生产生活用水,浓水进入选煤厂和矸石山,有效改善了矿区环境,实现了矿井水的资源化利用;鄂尔多斯母杜柴登和门克庆矿将高矿化度矿井水处理后供应图克工业园区煤化工项目工业用水,调和了矿井排水和工业园缺水的供需矛盾,缓解了矿井水排放的难题。矿井水处理过程的副产品,如浓盐水、煤泥等,经二次加工后也能带来一定经济效益。

处理后的矿井水可用于农业用水,包括农田灌溉、农业设施用水、水库补蓄水、水产养殖以及动物饮用[152-158]。例如,处理后的矿井水添加一定量的土壤改良剂后可灌溉农田,由于矿井水中含有一些微量元素,因而可提高粮食的产量。

通过人工抽采和回灌，将处理后的矿井水分区域储存，可作为应急水源。煤矿开采后留下的采空区空间会形成一定的储水空间，通过人工通道将这些储水的采空区相连，形成地下水库群，可以用作农业灌溉水源地，调蓄农业用水，缓解我国西部、北部干旱半干旱地区水资源短缺的矛盾。例如神东大柳塔矿涌水量约 8 400 m^3/d，回收率 95%，矿井水既满足了井下消防、电厂、洗煤用水，又能在灌溉季节用于场地绿化及周边生态补偿用水，还可在非灌溉季节进入乌兰木伦河橡胶坝内作为景观用水，使得矿区周边生态环境得到恢复，并建成了神府东胜矿区采空沉陷区沙棘生态修复示范基地。

4.1.2 矿井水用于生活

国外发达国家开展矿井水用于生活的相关研究较早，国内起步稍晚。生活用水包括居民家庭用水、公共服务用水、生产运营用水以及消防及其他用水。对于含悬浮物的低矿化度矿井水，因其处理成本低、排污费用少，处理后可直接用于生活[159]。对于富含有益微量元素的低矿化度矿井水或弱碱性小分子团水，可直接开发形成类似北京“九龙山”牌、徐州“新河”牌矿泉水等。此外关闭、闭坑、废弃的矿井经科学评价、规划和建设后可形成该地区的地下水库、应急水源地，用于城镇居民用水。

针对矿井水温度较高的矿区，选取地热能较强、可有效利用采空区空间的位置，通过人工的抽采-回灌使矿井水不断地循环，利用地热加温，从而获得地下热水。如德国弗莱贝格地区，将矿区地下热水用于供暖、供热以及生活等，或建立竖井蓄能电站和再生能源蓄积、冷-热循环式地热发电站等以提供热能和电能。

4.2 矿井水开发利用模式

根据矿井水利用的空间条件，矿井水利用模式分为矿区内利用和矿区外利用。

4.2.1 矿区内利用模式

矿区内利用模式是指矿井水收集、处理后，达到水质回用要求，回用于矿区内生产、生态、生活用水的利用方式。矿区内利用应明确矿区内各用水环节的用水量(井下用水量：井下防尘、消防等；地面绿化、降尘、道路喷洒等；其他生产生活用水：选煤、洗煤用水等)。

4.2.2　矿区外利用模式

矿区外利用模式是指矿井水收集、处理后，达到用水户水质要求，经调节池调蓄，通过管网收集输送至周边农业、工业园区(产业链)或回归河湖等的利用方式。矿区外利用应明确矿区外各用水环节用水量和不同利用对象[160](农业灌溉、工业园区、企业工业、矿山复垦修复、渔业养殖、景观绿化、生活等)的需水量及水质要求。

4.3　矿井水利用产业链

产业链是产业经济学中的一个概念，是各个产业部门之间基于一定的技术经济关联，并依据特定的逻辑关系和时空布局关系客观形成的链条式关联关系形态。

4.3.1　矿井水利用产业链内涵

产业链是在一定区域范围内，产业部门间或某一行业中具有竞争力的企业及其相关企业，以物流或产品为纽带，按照一定的逻辑关系和时空关系联结成具有物流、信息流相联系的链网式企业联盟，呈现出企业之间的分工合作、协调运行的关联关系。

矿井水利用产业链的内涵是以市场为导向，以效益为中心，对矿井水实行专业化处理、产业化利用和企业化管理，形成市场牵龙头，龙头带煤矿基地，煤矿基地连矿城的经营方式和园区产业链组织形式。

4.3.2　矿井水利用产业链特征

矿井水利用产业链具有以下基本特征：

(1) 产业链的组成特征。从产业链的组成角度看，矿井水利用产业链是由若干企业以矿井水物流为联系构成的一条空间链。其生产经营呈现规模化才能达到产业链的标准要求，这也是矿井水利用产业链形成的必要条件，产业链可提高矿井水利用效益。

（2）产业链的区位特征。主要表现在产业链的物流——矿井水资源丰富、可利用程度高，具有区位优势。要把矿井水的收集、处理、调蓄、输配和销售服务等各个环节有机结合起来，进行产业化布局，专业化经营，且在一定区域范围内形成比较稳定的区域供水规模，便于集中管理和综合服务。这样，矿井水利用产业链可发挥区域龙头、示范带动作用。

（3）产业链的市场特征。现代经济条件下，市场需求的多变性决定了作为市场主体产业链上的各个产业部门必须具有较强的适应性，并不断地调整自身经济行为。市场是矿井水利用的起点和终点。矿井水利用必须以市场为导向，其资源配置、生产要素组合等都要靠市场机制进行调节。

4.3.3 矿井水利用产业链模式的有利条件

近些年，我国许多矿区开展了排水、供水、环保三位一体优化组合研究，开拓了矿井水综合利用的途径，为矿井水利用产业链模式的形成奠定了基础，主要表现在以下几方面：①矿井水资源比较丰富，分布面广，2020 年我国矿井水可利用量达 65 亿 m^3；②大量矿井水受污染程度较轻，已有成套处理的技术装备，矿井水处理应用技术日益成熟，利用成本逐渐下降；③矿井水有用户需求，不仅矿区内洗矿、降尘需要用水，而且邻近矿区的工业园区、农田灌溉、河湖生态环境等也有用水需求；④以“建立有利于促进节约用水、合理配置水资源和提高用水效率”为核心的水价机制逐步形成，需要配置的水资源包括常规水资源和非常规水资源，而矿井水资源属于非常规水资源一类，其使用价值将不断提高，为矿井水利用产业链模式的形成提供了有利的市场环境；⑤我国北方水资源短缺，严重制约了区域经济社会的可持续发展，迫切需要开发新的非常规水源，所以矿区绿色开采更需要综合利用矿井水。

4.3.4 矿井水利用产业链模式

在与矿井水利用相关的各方面形势发展较快的今天，技术与国家政策补贴到位后，矿井水利用的成本将逐步降低，矿井水将成为具有价格优势的可利用水源。矿井水利用的产业化与规模化应当由政府引导，以企业为主体进行建设，拓宽融资渠道，将矿井水收集、处理、运输、销售等涉及的多个环节有机结合起来，进行市场化经营。在保证水质的情况下，应逐步扩大供水规模，形成具有竞争力的供水主体。在产业化和规模化发展前期，政府要制定完善的利用政策及标准以及相应的优惠补贴政策，企业则须要做好融资、场地建设、管道铺设及市场的开发；在运营阶段，政府要根据实际运营情况做好政策的完善与监督管理工作，企业则需要做好水质监测和应急预案等的演练。矿井水产业化与规模化利用设计流程图如图 4-3 所示。

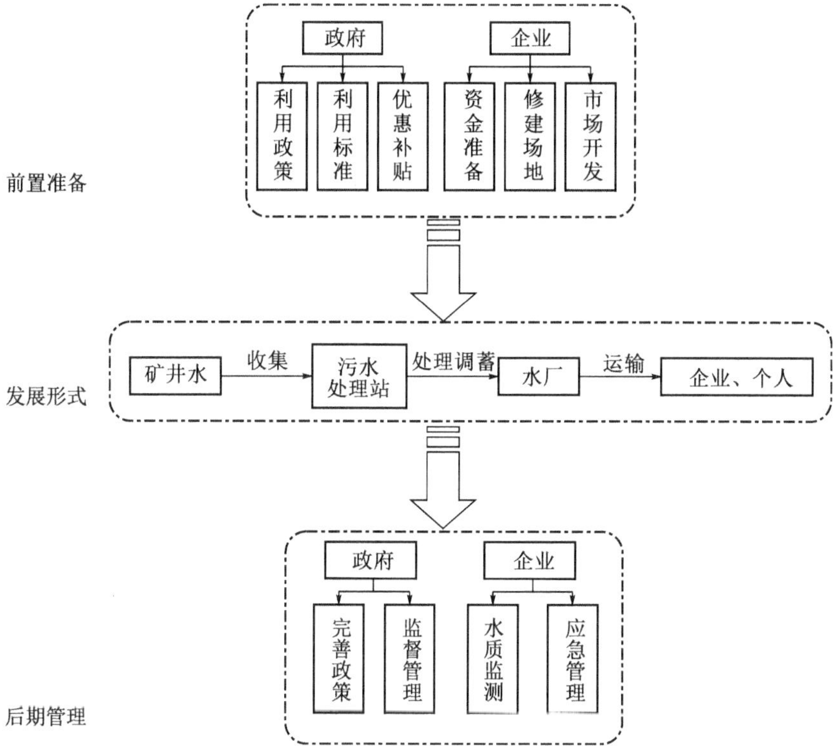

图 4-3　矿井水产业化和规模化利用设计流程图

本书从“节约资源、市场运作、政策引导、社会共享”的总体要求出发，提出面向园区的矿井水利用产业链模式，即：集中收集各矿区的矿井排水，处理后矿井水水质达到用水户需求，经调节池调蓄，通过管网输送至工业园区（电力、化工、冶金、造纸等企业）用水户的利用模式（图 4-4）。

如宁东煤炭基地矿井排水主要分两部分：南部统一收集到马家滩矿区矿井水南湖工程，经处理后供给规划园区，北部统一收集到宁东基地核心区工业污水集送再利用一期工程，经处理后供给规划园区。目前，红柳煤矿、双马煤矿、金凤煤矿、石槽村煤矿、麦垛山煤矿等 5 座煤矿的矿井水排至小南湖，矿井水处理后向中铝银星电厂、华电永利电厂等企业供水。

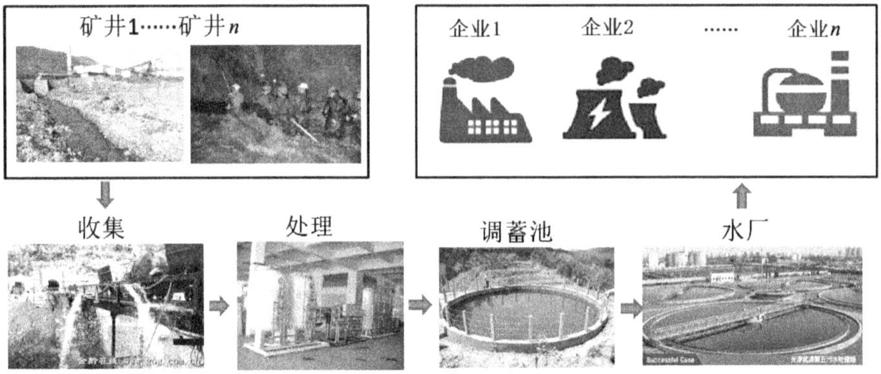

图 4-4 面向园区的矿井水利用产业链模式

再如，冀中煤炭基地邢台矿区以煤炭开采为主要产业，共同建设的工业园区有矸石电厂、化工厂等产业。该矿区根据矿井水处理程度、企业所处地理位置远近、不同产业用水的水质需求，按照优水优用、分质供水、区内优先、区外集中的原则，矿井水经净化、深度处理后，在保证矿区内洗煤、冷却、生态景观优先用水的条件下，将多余矿井水集中配送至工业园区，作为电厂循环冷却水用水、电厂化水车间用水和化工厂生产用水。

第五章 矿井水利用风险管控研究

采用问卷、会议等调查方式梳理研究区矿井水收集—处理—调蓄—利用环节中存在的风险因子，构建风险评价指标体系，建立风险评估模型，确定风险管控的风险点，评价不同安全利用模式下矿井水利用存在的风险及风险程度。

5.1 矿井水利用风险分析

5.1.1 风险定义

风险指在特定情况下某种结果的不确定性形式。在事物的进行当中，可能会发生与原始期待相悖事件，是不被希望出现的，一旦发生，其结果是不利的，它将破坏事物的期望结果，称之为“风险”。风险既包含着对未来的疑惑，又意味着可能发生的不利结果。风险是不幸事故发生的可能性；风险是一切危险的综合体；风险是无法预测的，其趋势是实际后果不同于预测后果；风险是损失的不确定性；风险亦是造成损失的可能性。

5.1.2 矿井水利用风险分析

矿井水是在矿藏开采过程中抽取或涌出的地下水，对其开发利用有利于水资源的节约与保护，有利于环境保护与修复，有利于缓解社会经济发展与水资源短缺之间的矛盾。任何事物的发展都会伴随着相应的风险，矿井水利用亦然。分析矿井水的利用方式及利用过程，其风险包括水量风险、生产风险、水质风险、输送风险、经济（成本效益）风险等。

从用水角度分析，矿井水的利用风险含水量风险、水质风险、输送风险、成本风险、环境风险等。

从供水角度分析，矿井水的利用风险含生产风险、余量风险、效益风险等。

（1）水量风险

水量风险指矿井水在利用过程中发生水量不足问题及水量盈余问题。当开采企业发生事故而不能保证抽取足够的水量时，或水处理设备突发事故而不能足额供水时，用水户的水量需求将得不到保障。又或者，矿井水的用水户因为某些原因，临时消减了计划的水量需求，常规的矿井水供应量将有所剩余，在没有足够的储藏空间时，这部分水量被放弃，既浪费了资源，又将影响经济效益。

（2）水质风险

水质风险指矿井水利用过程中水质不满足使用要求的问题。矿井水的利用在规划阶段应根据使用对象设计完善的处理手段及处理过程，使出厂水质能够满足用户的需求。本书所论水质风险仅指开矿突发事故、水处理设备突发事故、存储空间突发污染及输送管道破损时所造成的水质不满足使用要求的问题。

（3）输送风险

输送风险指处理后的矿井水在出厂与到达用水户之间的输送过程中所出现的问题。输水管及储水设备的故障将导致矿井水量漏失及水质变差，影响用水户的使用。输送风险包含了水量风险与水质风险。

（4）生产风险

生产风险指矿井水在抽取与处理过程中可能出现的问题。抽水设备及处理设备的损坏、含水层的突发污染、含水层水量突发减少等均属于生产风险，抽水设备的损坏和含水层水量突发减少将导致抽取水量不足而造成水量风险，水处理设备的损坏及含水层的突发污染将导致处理能力不足而造成水质风险。

（5）经济（成本效益）风险

经济（成本效益）风险指矿井水在生产使用过程中，因为供水、用水、国家政策、气候、环境等多种原因导致供水方的效益达不到合理要求（效益风险），用水方的用水成本高于预期等（成本风险）。

（6）环境风险

环境风险仅限于对地下水进行回灌、对河湖进行补水或直接排放的情况。天然状态下，地表水和地下水有其自身的水质状态和水量容纳阈值。对于地下水回灌而言，如果所取用的矿井水水质劣于地下水水质，将导致地下水污染，产生环境风险。同样，矿井水对河湖进行补水时，亦可能因为水质劣于河湖原水质而导致河湖污染，产生环境风险。当矿井水直排进入河湖时，一旦超出河湖的容纳能力，可能造成涝害，此问题在汛期容易出现，给防汛带来困难，产生水量风险。矿井水直排进入河湖，当其水质劣于河湖本体水质时，会产生水质风险。

5.1.3 矿井水利用风险归纳

矿井水的利用过程可简单概括为：收集—处理—输送—使用。4个环节均存在风险因素，无论哪个环节出现问题，都将使得矿井水的利用出现问题。

(1) 收集环节风险

为保证开采的顺利及安全生产，与矿藏同一岩层的地下水必须排出，采用设备从地层中直接抽取或抽取涌水，即为矿井水利用的收集环节。

当矿藏的开采生产正常进行时，每日的抽(涌)水量和水质是基本稳定的，处理设备建成后，其处理过程、处理能力及可供水量即已确定，收集阶段的风险在于突然发生的变化，如含水层水量突发减少或抽水设备发生事故使得收集的水量减少，导致可供水量的不足；含水层突发污染或水质有所变化时，现有的处理设备存在不适用的可能性，导致处理后的水质不符合标准，达不到后续用水的要求。

此环节存在的风险主要有水量风险、水质风险、生产风险。

(2) 处理环节风险

矿井水收集后，将进行相应的处理，以便能够满足使用要求。前述的5类矿井水，除洁净矿井水可以直接利用外，其他类型的矿井水均需要进行水质处理，称为矿井水利用的处理环节。

矿井水的处理设备是根据水量、水质及使用需求而确定的，使用过程中不能变化，只能通过一次性的更新升级等，其各项指标才会改变。在不考虑设备变更的条件下，处理过程的风险主要是设备的损坏及水量、水质超出设备的处理能力。设备的损坏直接导致处理能力的不足，可能导致供水量的不足，产生水量风险；设备的损坏也可能导致处理过程中某个环节的缺失，所需要的处理程序不能完成，处理后的水质不达标，产生水质风险；当水量超出设备处理能力时，也会造成弃水，浪费水资源；当水质超出设备处理能力时，污染物不能清理干净，造成供水水质不达标，产生水质风险。

矿井水经过处理设备处理达标后，一般会进入蓄水池，由蓄水池通过输水管道送至用水户，当蓄水池突发事故时，可能对水质产生影响，使得已处理达标的存储水被污染，产生水质风险；蓄水池的突发事故亦可导致既定储水能力的降低，被迫弃水，产生水量风险。

此环节存在的风险主要有水量风险、水质风险、生产风险、经济风险。

（3）输送环节风险

输送环节指矿井水经处理达标后，通过输水管道供给用水户使用，即矿井水处理后自出厂的出水口至用户取水口的环节。

通常情况下，处理后的矿井水采用管道输送或渠道输送。管道输送为封闭状态，只有当管道破损或锈蚀时，才可能对水量、水质产生影响。管道破损时水量将漏失，同时破损处的外界污染物将进入管道，产生水量风险和水质风险；输水管道锈蚀时，将对水质造成影响，产生水质风险。渠道输水为开放状态，沿途的随意抽水排水对水量、水质均有影响，抽水导致水量流失，排水可能导致水质变差，产生水量及水质风险。

此环节存在的风险主要是水量风险、水质风险。

（4）利用环节风险

利用环节指处理达标后的矿井水经输送到达用户处，供各种需水项目使用，利用环节包含矿内利用、矿外利用、达标排放等。正常的矿井水利用应有规划，属于计划用水，常规运行时不存在问题，当有突发状况时可能出现利用风险。

矿井水在利用过程中，如遇非常规状态，可能有水量不足、水质变差的情况，使得需水量得不到满足、水质较差对设备及管道造成损坏、较差的水质影响产品质量等，产生水量风险及水质风险。矿井水的利用受国家政策、处理费用、原水水价等影响，供水价格有上升的可能，对于使用者而言，水价的提高意味着效益的降低，产生效益风险。由于节水措施的提升，矿井水在利用过程中，需求量有可能减少，对于供水方而言，计划供水将消减，部分规划供水量可能成为弃水直接排放，其供水效益受到影响，产生效益风险。矿井水处理后的直接排放亦会对周围环境产生一定的影响，排放的水量是否超出河道容量，弃水是否破坏原有河水的水质等等，产生一定的环境风险。

此环节存在的风险主要是水量风险、水质风险、经济（成本效益）风险、环境风险。

图 5-1 所示为矿井水利用各环节风险之间的交错关系。

综上所述，矿井水利用的 4 个环节包含了 5 个风险因素，其中生产风险中包含水量风险、水质风险与经济风险，环境风险主要通过水量风险与水质风险反映，最终矿井水利用的风险可归结为三大类：水量风险、水质风险、经济风险。

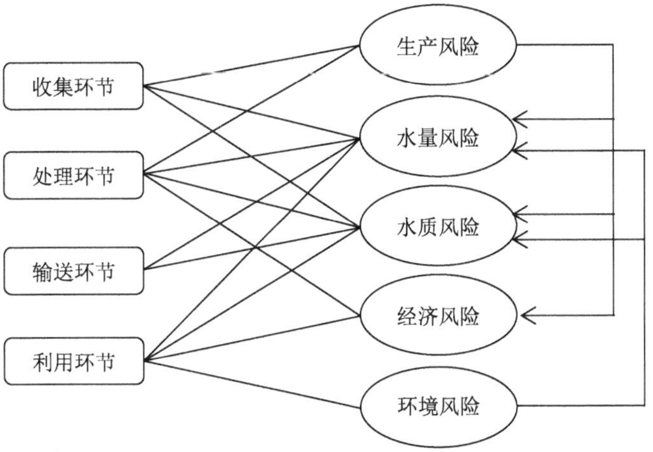

图 5-1　矿进水利用各环节风险之间关系图

5.2　矿井水利用风险评价指标体系与模型构建

5.2.1　矿井水利用风险评价思路

明确矿井水利用过程中的风险因素后，在调查分析矿井水利用典型案例基础上，根据风险评价基本理论，进行矿井水利用水量、水质、经济因素风险识别，筛选风险评价指标，构建风险评价指标体系，建立矿井水资源利用风险评价模型，确定指标分级阈值及权重，通过典型案例计算矿井水利用风险值，判别矿井水利用风险大小，为矿井水利用提供参考。风险评估模型种类很多，目前针对多目标的不确定性系统，常用层次分析法、集对分析法进行风险评估。矿井水资源利用风险评价框图见图 5-2。

5.2.2　矿井水利用风险因素识别

风险识别是对现有的以及潜在的风险进行判断、分类以及鉴别风险性质的过程。一方面可以利用感性认识和经验进行判断，识别风险的可能性；另一方面也可通过对众多客观事件、统计资料进行整理、归纳，进行风险的识别。矿井水作为非常规水资源参与水资源统一配置，其利用风险体现在供水水源水量的稳定性上，除此之外，由于矿井水原水水质较为复杂，各用户对所需水质的要求也会不

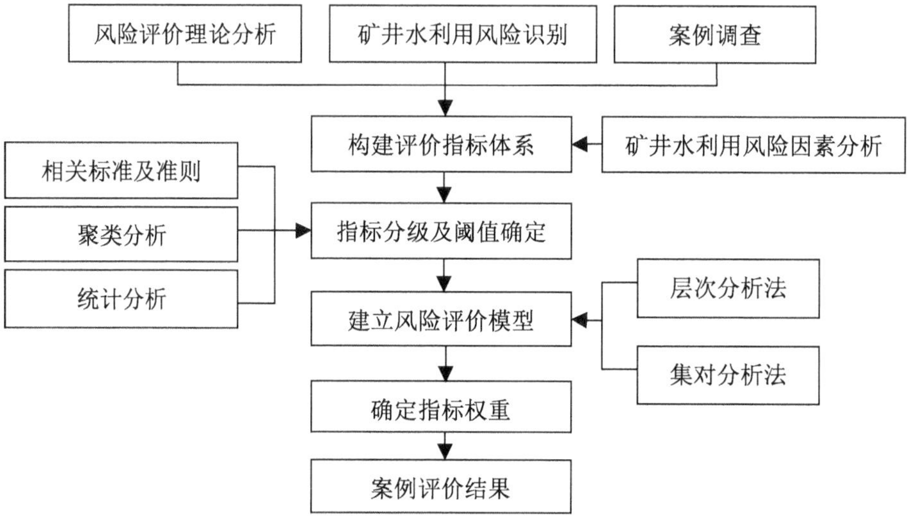

图 5-2　矿井水资源利用风险评价框图

同;矿井水作为一种资源供各用户利用,不可避免地需要考虑经济成本的大小,判断矿井水是否比常规水资源具有更高的性价比,而对于供水方的矿区,也需要考虑矿井水是否可以产生较为合理的经济价值。综上,矿井水资源利用风险主要包括水量、水质、经济(成本效益)等因素。

5.2.2.1　水量因素

水量因素风险主要体现在水量不稳定上。对于渗透性强的岩层,在开采过程中可能发生矿井水越流渗漏到下层含水层,从而使得水量大幅度减少。涌水量、处理水量、潜力量、用户需水量等水量因素的稳定性很明显地会影响到矿井水利用的风险大小。当水量的稳定性较好时风险小;反之,则越大。水量因素对矿井水利用风险的影响可以用以下几个指标表征:矿井涌水变化率、矿井水潜力量占比、用户需水量变化幅度、供水保证率等。

5.2.2.2　水质因素

矿井水分为含悬浮物矿井水、高矿化度矿井水、酸性矿井水、特殊污染物矿井水、洁净矿井水。矿井水原水水质,处理技术、处理过程等,均影响可利用矿井水资源的水质。不同的用户(生态用水、景观用水、灌溉用水、工业用水、生活用水、地下水回灌)对水质的要求各不同,所以相对应就存在不同的风险。总体来说,水质越好,风险越小,反之越大。水质因素对矿井水利用风险的影响可以用以下指标进行表征：悬浮物含量、pH、总矿化度、有毒物质（氟、砷、硫化物）含量、总铁（锰）含量等。

5.2.2.3　经济（成本效益）因素

矿井水的收集、处理、输送等过程需要投入相应的设备、药物、存储池及输送管道建设、人工以及水资源税的缴纳等，这些都会增加矿井水利用的成本，所以用户在使用矿井水作为供水水源时就可能存在比常规水资源价价格高的风险，这样对于用户来说利用矿井水就不一定是最好的选择。国家政策的扶持、财政及社会资金的支持，技术手段的提升等将会有效降低此类风险。经济因素对矿井水利用风险的影响可用以下指标进行表征：处理成本、输送成本、余量成本、效益大小、激励政策等。

5.2.3　指标选取原则

矿井水利用风险评价的核心问题是确定评价指标体系，指标的合理与否决定了评价的科学性和实用性。因此，选取的指标必须能够科学、客观、合理、全面地反映影响矿井水利用风险评价的主要因素。基于供需双向协调的煤矿矿井水利用风险评价指标体系构建遵循以下原则：

（1）科学性原则。综合考虑多方面因素、相互关系及其协调性来选取评价指标，使指标体系能够系统、全面、客观地反映评价目的。

（2）简洁性原则。尽量选取综合性、指向性强的指标，使指标体系能够突出重点，简明实用。

（3）可量化原则。选取的指标概念明确、含义清楚、易于量化，指标数据容易获取。

5.2.4　风险评价指标体系构建

风险评价指标体系的建立，需要在明确评价的目的后，通过统计、分析等各种方法，得到综合评价指标集，遵循科学、简明、可量化等原则，构建矿井水利用风险评价指标体系。矿井水资源利用风险评价指标体系共分为三层：第一层为目标层，即矿井水利用供需双侧协调；第二层为准则层，指影响其风险大小的各个因素，包括：水量因素、水质因素、经济（成本）因素；第三层称为指标层，即影响矿井水利用风险大小的各个具体指标。矿井水资源利用风险评价指标体系见表5-1。

表 5-1 矿井水资源利用风险评价指标体系

目标层	准则层	指标层	单位
矿井水资源利用风险评估指标体系 A	水量 B_1	矿井涌水量变化率 C_1	%
		矿井水潜力量占比 C_2	%
		用户需水量变化幅度 C_3	%
		供水保证率 C_4	%
	水质 B_2	悬浮物含量 C_5	mg/L
		总溶解性固体含量 C_6	mg/L
		pH 相对值 C_7	—
		有毒物质含量(砷) C_8	mg/L
		总铁(锰)含量 C_9	mg/L
	经济 B_3	处理成本 C_{10}	元/m^3
		利润率 C_{11}	%
		激励政策 C_{12}	—

(1) 矿井涌水量变化率

矿井涌水量包括正常涌水量以及最大涌水量。正常涌水量是指在矿山(本书主要指煤矿)开采过程中,单位时间内开采系统相对稳定流入矿坑或矿井的涌水量;最大涌水量是指单位时间内流入开采系统的最大水量。矿井涌水变化量是指最大涌水量与正常涌水量之差值,矿井涌水量变化率为矿井涌水变化量与正常涌水量的比值。矿井涌水量变化率越大,表明矿井涌水量越不稳定,矿井水利用的风险越大,反之亦然。

(2) 矿井水潜力量占比

矿井水利用的潜力量是指规划水平年可利用量扣除已利用量后的水量,矿井水潜力量占比定义为规划水平年矿井水潜力量与矿井涌水量的比值,其大小直接影响矿井水利用的供需平衡,是矿井水利用过程中重要的参数。矿井水潜力量占比越大,即矿井水利用潜力越大,风险越小;反之越大。

(3) 用户需水量变化幅度

用户需水量是指各种不同用水户在规划水平年所需水量的大小,正常情况下,在某一固定值上下浮动。其对矿井水利用的风险的影响同样体现在其水量稳定性上,其值越小说明用户需水量越稳定,则风险越小;反之则越大。

（4）供水保证率

供水保证率是指预期供水量在多年供水中能够得到充分满足的年数出现的概率，以需水量完全满足的年份占计算总年数的比例表示，比例越高保证率越高，风险则越小；反之越大。

（5）悬浮物含量

悬浮物含量是指悬浮在水中，不溶于水的固体物质在水中的浓度。悬浮物含量越大，污染越严重，矿井水利用的风险也就越大；反之越小。

（6）可溶解性固体含量

可溶解性固体含量是指可溶解于水中的各种离子、分子、化合物的总量。水中可溶解性固体含量数值越大，说明水质越硬，水质越差，矿井水利用的风险则越大；反之越小。

（7）pH

pH 即氢离子浓度指数，是指溶液中氢离子的总数和总物质的量的比，数值介于 0～14 之间，大于 7 表现为碱性，数值越大碱性越强，小于 7 表现为酸性，数值越小酸性越强。对于矿井水利用来说，过酸或者过碱都会产生负面影响。

（8）有毒物质含量

矿井水中有剧毒的物质一般包括氟离子、砷及硫化物。砷及其无机化合物为一类致癌物，同时被列为有毒有害水污染物名录（第一批）。氟化物是指含氟化合物的总称，是矿井水中主要的有毒污染物之一。硫化物也是矿井水中主要的有毒污染物。其三者含量的高低直接影响水质的好坏及可利用性，其含量越高，水质越差，利用风险就越高；反之越低。由于矿井水中的有毒物质种类、含量各不相同，所以依据《煤矿矿井水分类》（GB/T 19223—2015）选择相对污染性最强的一种污染物进行等级划分。

（9）总铁（锰）含量

铁和锰及其化合物也属于重要的水质污染物，其含量直接影响水的颜色、浊度及综合质量。总铁（锰）含量越大，水质越差，处理难度及成本就越高，矿井水利用的风险就越大；反之越小。

（10）处理成本

矿井水到达各用户之前需要根据各用户不同的水质要求进行相应的处理，所以在考虑矿井水的利用风险时，不可避免地需要考虑处理成本因素。显然，成本越高则风险越高；反之越小。

（11）利润率

矿井水经过处理输送给各个用户，对于矿区来说产生效益是其一个重要的目的。所以利润率的高低会影响到风险的大小。利润率是矿井水水价与矿井水处理成本的差值与处理成本的比值。显然，水价越高，矿井水利用风险越小；反之越大。

（12）激励政策

矿井水作为非常规水资源的一种，其利用程度受政策影响较大。同样，政策导向也就直接影响矿井水利用的风险大小。当出台政策积极引导矿井水的高效利用时，风险将大大降低，反之则增加。就当前出台政策的实际情况来说，要么是鼓励加强矿井水资源利用，要么是未出台政策支持，在评价指标等级划分时分别取 1 或 0 表示。

5.2.5 风险指标等级划分及阈值确定

由于不同地区经济社会发展状况、矿井水水量、水质存在差异，所以在建立风险等级标准时需要综合权衡各方面的因素。根据综合评估指标体系原则，考虑当地实际情况，参考国家行业标准及相关指标的统计结果及含义，听取专家意见确定各个评估指标风险等级划分临界值，将 3 个因素的 12 个指标风险分为 1 级（低风险，区间为 $(f_0, f_1]$）、2 级（中风险，区间为 $(f_1, f_2]$）、3 级（中高风险，区间为 $(f_2, f_3]$）、4 级（高风险，区间为 $(f_3, f_4]$），各个风险指标等级划分见表 5-2。

表 5-2　风险评估指标等级划分标准

因素	指标	1 级	2 级	3 级	4 级	单位
水量	矿井涌水量变化率 C_1	(0, 10]	(10, 20]	(20, 30]	(30, 100]	%
	矿井水潜力量占比 C_2	(100, 85]	(85, 70]	(70, 55]	(55, 0]	%
	用户需水量变化幅度 C_3	(0,5]	(5, 10]	(10, 15]	(15, 100]	%
	供水保证率 C_4	(100, 95]	(95, 90]	(90, 85]	(85, 50]	%
水质	悬浮物含量 C_5	(0, 50]	(50, 400]	(400, 700]	(700, 1 000]	mg/L
	总溶解性固体含量 C_6	(0, 1 000]	(1 000, 4 000]	(4 000, 7 000]	(7 000, 10 000]	mg/L
	pH 相对值 C_7	(0, 1]	(1, 2]	(2, 3]	(3, 4]	—
	有毒物质含量（砷）C_8	(0, 0.05]	(0.05, 0.5]	(0.5, 2]	(2, 5]	mg/L
	总铁（锰）含量 C_9	(0, 0.3]	(0.3, 7]	(7, 14]	(14, 20]	mg/L

续表

因素	指标	1级	2级	3级	4级	单位
经济	处理成本 C_{10}	(0, 1]	(1, 1.5]	(1.5, 2]	(2, 5]	元/m^3
	利润率 C_{11}	(100, 30]	(30, 20]	(20, 10]	(10, 0]	%
	激励政策 C_{12}	1	—	—	0	—

注：1. 参考《地表水环境质量标准》(GB 3838—2002)，可利用地表水资源的 pH 为 6～9 之间。

2. 由于不同有毒物质对同一风险等级划分的阈值不同，所以选择矿井水中风险等级高的有毒物质进行风险等级划分，本书根据实际情况选择砷。

3. 由于铁、锰两种矿井水污染物的污染结果相似、处理方式相似，但风险等级的阈值不同，所以选取两者中风险等级高的元素进行风险等级划分。

5.2.6 矿井水资源利用风险评价模型

矿井水资源利用涉及供需双侧，仅考虑供给侧，不考虑需求侧在水质、水量、经济等方面的因素，或只考虑需求侧，不考虑供给侧各个方面的因素，都不能对矿井水资源的利用过程进行具体、准确、全面的风险评价。所以应从供与需双侧协调出发对矿井水资源利用风险进行评价。供给侧风险体现在量的变化率，需求侧风险则体现在对矿井水水量、水质的要求；而供给侧与需求侧两者都受到经济（成本）因素的影响。

风险评价模型的构建应从供需双侧协调出发对风险因子进行识别，筛选并对指标赋值。结合矿井水资源利用过程中供需双侧涉及的水量、水质、经济成本等指标，将其进行量化，得到矿井水利用供需双侧风险计算模型：

$$WR = F(A, B, C) \tag{5-1}$$

式中：WR 代表目标风险，即矿井水利用供需双侧风险指数；A 代表目标风险受水量指标影响的大小；B 代表目标风险受水质指标影响的大小；C 代表目标风险受经济（成本）指标影响的大小。各类指标的关系通过合理的算子进行计算，由于每个因素都对目标风险产生影响并且为并列关系，所以采用累加法。

5.2.6.1 层次分析法评价模型

层次分析法（Analytic Hierarchy Process，简称 AHP）是指将一个复杂的多目标决策问题作为一个系统，将目标分解为多个目标或准则，进而分解为多指标（或准则、约束）的若干层次，通过定性指标模糊量化方法算出层次单排序（权数）和总排序。

（1）建立层次结构模型

在深入分析煤矿矿井水资源利用风险因素基础上，将风险中所包含的因素划分为不同层次，如目标层、准则层和指标层，并画出层次结构图表示层次的递阶结构和相邻两层因素的从属关系（见图 5-3）。假设影响其决策方案的指标有 n 个，每个指标由 m 个因子构成。在这个层次结构的基础上构造成对比较判断矩阵，然后用求解判断矩阵特征向量的方法，求得每一层的各元素对上一层次某元素的优先权重，最后再用加权求和的方法递阶求出各备选方案对总目标的最终权重，最终权重最大者即为最优方案。这里所谓的“优先权重”是一种相对的度量，它表示各备选方案在某一特定的评价准则或子目标下优越程度的相对度量，以及各子目标对上一层目标而言重要程度的相对度量。

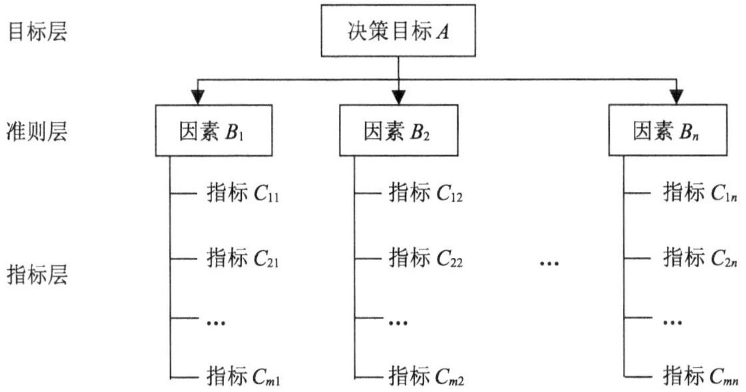

图 5-3　层次分析法的递阶层次结构模型

（2）构造判断矩阵

判断矩阵由建立的递阶层次结构模型来构造，任取同一层上的两个影响因素对上一层次的相应影响因素的相对重要性进行比较，采用 1～9 标度法来量化比较的结果，见表 5-3，判断矩阵由量化比较的结果组成。

表 5-3　九级标度法的标度及其描述

标度	定义（比较影响因素 a 与 b）
1	因素 a 与 b 同等重要
3	因素 a 与 b 稍微重要
5	因素 a 与 b 较强重要

续表

标度	定义(比较影响因素 a 与 b)
7	因素 a 与 b 强烈重要
9	因素 a 与 b 绝对重要
2,4,6,8	两相邻判断的中间值
倒数	当比较因素 b 与 a 时,得到的判断值 $C_{ba}=1/C_{ab}$, $C_{aa}=1$

本书使用和积法对判断矩阵进行求解,计算出判断矩阵的最大特征值和特征向量。

首先,假设构造的判断矩阵 $\boldsymbol{A}=\begin{bmatrix} a_{11} & a_{12} & \cdots & a_{1n} \\ a_{21} & a_{22} & \cdots & a_{2n} \\ \cdots & \cdots & \cdots & \cdots \\ a_{n1} & a_{n2} & \cdots & a_{nn} \end{bmatrix}$,将判断矩阵 $\boldsymbol{A}$ 按照每一列进行规范化。

其次,把规范化后的每一列矩阵进行求和得:$\boldsymbol{v}_i=[v_1, v_2, \cdots, v_n]^{\mathrm{T}}$,将向量进行规范化:

$$\boldsymbol{\omega}_i=\frac{\boldsymbol{v}_i}{\sum_{j=1}^{n} v_j} \tag{5-2}$$

则 $\boldsymbol{\omega}_i=[\omega_1, \omega_2, \cdots, \omega_n]^{\mathrm{T}}$ 为判断矩阵 $\boldsymbol{A}$ 的特征向量,也是影响 A 的各个影响因素的权重。

最后,假设判断矩阵 $\boldsymbol{A}$ 的最大特征值为 $\lambda_{\max}$,则:

$$\lambda_{\max}=\sum_{i=1}^{n}\frac{(\boldsymbol{A\omega})_i}{n\boldsymbol{\omega}_i} \tag{5-3}$$

其中,$(\boldsymbol{A\omega})_i$ 为向量 $\boldsymbol{A}$ 与向量 $\boldsymbol{\omega}$ 积的第 i 个元素。

(3) 层次单排序的一致性校验

层次单排序是指计算对于上一层某影响因素而言该层次与之有联系的所有影响因素的权重值,通过检验层次单排序的一致性来判断其权重值是否合理。

首先,计算一致性指标 CI 的值:

$$CI=\frac{\lambda_{\max}-n}{n-1} \tag{5-4}$$

其次，根据判断矩阵的阶数确定随机一致性指标 RI 的值，见表 5-4。

表 5-4　随机一致性指标值

矩阵阶数	1	2	3	4	5	6	7	8	9
RI 值	0	0	0.58	0.90	1.12	1.24	1.32	1.41	1.45

最后，计算判断矩阵的一致性比率 CR 的值：

$$CR=\frac{CI}{RI} \tag{5-5}$$

当且仅当 $CR<0.10$ 时，判断矩阵的层次单排序的一致性是合理的；若 $CR>0.10$，应重新构造新的判断矩阵，直到 $CR<0.10$ 为止。

(4) 层次总排序的一致性校验

层次总排序是指计算同一层次上的所有影响因素对于总目标而言相对重要的权重值。假设某一层次(A 层)共包含 m 个影响因素，分别是 A_1，A_2，…，A_m，其层次单排序权重分别是 a_1，a_2，…，a_m；A 层的下一层(B 层)共包含 n 个因素，分别是 B_1，B_2，…，B_n，B 层所有影响因子对于 A 层某一影响因素 A_j 的层次单排序权重值分别是 b_{1j}，b_{2j}，…，b_{nj}(且当 B_i 与 A_j 无关时，$b_{ij}=0$)。则 B 层各影响因素的层次总排序权重计算公式为：

$$b_i=\sum_{i=1}^{n} b_{ij}a_j \quad (i=1,\ 2,\ \cdots,\ n) \tag{5-6}$$

同样，各影响因素的层次总排序权值也需要进行一致性检验，检验顺序是由高层次向低层次逐层进行检验。假设 B 层各影响因素对上一层次某影响因素 A_j 的层次单排序一致性指标为 CI_j，根据构造判断矩阵的阶数可查得其平均随机一致性指标为 RI_j，则 B 层各影响因素的层次总排序一致性比率为：

$$CR=\frac{\sum_{j=1}^{n} CI_j\omega_j}{\sum_{j=1}^{n} RI_j\omega_j} \tag{5-7}$$

当且仅当 $CR<0.10$ 时，判断矩阵层次总排序的一致性是可以接受的；否则应按照 1～9 标度法重新构造判断矩阵，直到具有可以接受的一致性为止。

基于供需双侧的煤矿矿井水资源利用风险层次分析法评价模型如下：

$$WR=\sum_{i=1}^{m}\alpha_iA_i+\sum_{j=1}^{n}\beta_jB_j+\sum_{k=1}^{s}\gamma_kC_k \tag{5-8}$$

式中：WR 为基于供需双侧的煤矿矿井水资源利用风险综合指数；A_i 和 α_i 分别代表第 i 个水量评价指标的评分值以及对应的权重；B_j 和 β_j 分别代表第 j 个水质风险评价指标的评分值以及对应的权重；C_k 与 γ_k 分别代表第 k 个经济(成本)风险评价指标的评分值及对应的权重；m、n、s 分别表示水量、水质、经济(成本)风险指标数量。

煤炭矿井水资源利用供需双侧风险评价综合指数（WR）随机分布在 40～100 之间，采用等间距法将煤矿矿井水资源利用风险水平划分为"高、中高、中、低"4 个等级，见表 5-5。

表 5-5　煤矿矿井水资源利用风险水平划分

等级	高风险	中高风险	中风险	低风险
综合指数（WR/%）	$85\leqslant WR<100$	$70\leqslant WR<85$	$55\leqslant WR<70$	$40\leqslant WR<55$

5.2.6.2　集对分析法评价模型

我国学者赵克勤先生基于哲学中对立统一的观点于 1994 年提出了集对分析法(Set Pair Analysis)，该方法一经问世，便在数学、经济、系统工程、资源与环境等众多风险评估领域得到广泛的应用。

集对分析法是一种处理不确定性问题的系统分析方法，其本质是将一个实际指标与既定的评价标准建立一个集对的分析过程。风险评估的过程实际上是一个具有确定性的评价指标和评价标准与具有不确定性的评价因子及其含量之间相结合的分析过程。集对分析法通过比较实际指标与既定的评价标准之间的关联度，将实际值与标准值进行对比，通过建立实际指标与评价标准之间的集合的形式，对风险因素进行客观分析。相比于层次分析法和模糊综合评判法，采用集对分析法处理不确定问题的关系具有独特的优势，它用联系数的形式统一处理模糊、随机以及不完全信息中的不确定性关系。

本书通过层次分析法确定各指标权重，由集对分析法建立矿区实际情况与评价指标的集对，再结合已求出的指标权重，计算集对的联系度，最后通过置信度准则对联系度数值进行分析，进而确定评价结果。

其基本思路是将确定与不确定视作一个系统，建立具有联系的两个集合集对

$H=(A,B)$,并通过联系度 μ 对集对中两集合的特性从同、异、反三方面进行描述:

$$\mu=\frac{S}{N}+\frac{F}{N}i+\frac{P}{N}j \tag{5-9}$$

式中:μ 为集对的联系度;i 为差异不确定系数,$i\in[-1,1]$;j 为对立度系数,$j=-1$;N 为集对特性总数,$N=S+F+P$,S 为集对中公有特性数,P 为集对中对立特性数,F 为集对中差异特性数。

令 $a=\frac{S}{N}$,$b=\frac{F}{N}$,$c=\frac{P}{N}$,分别为同一度、差异度、对立度,$a+b+c=1$。式(5-9)可简写成:

$$\mu=a+bi+cj \tag{5-10}$$

根据问题的复杂性,拓展公式(5-9),得多元联系度 μ:

$$\mu=a+b_1i_1+b_2i_2+\cdots+b_ki_k+cj \tag{5-11}$$

式中:$a+b_1+b_2+\cdots+b_k+c=1$,则多因素共性、对立特性和差异特性权重的联系度 μ 为:

$$\mu=\sum_{k=1}^{S}w_k+\sum_{k=S}^{S+F}w_ki_k+\sum_{k=S+F}^{N}w_kj_k \tag{5-12}$$

式中:$\sum_{k=1}^{N}w_k=1$,w_k 是各指标的权重,由层次分析法确定。

采用置信度准则对各矿区矿井水资源利用风险等级进行评估。设 h 为评估等级;λ 为置信度,一般取值为[0.5, 0.7],值越大,表示评价结果越稳定。本书选取置信度 $\lambda=0.7$,采用逆向型等级标准,有:

$$h=\left\{f^*\,\middle|\,\sum_{f=1}^{g^*}g_f>\lambda,\ 1<f<F\right\} \tag{5-13}$$

式中:$F=4$ 为评估等级总数;f 为所选的等级;f^* 为满足公式的风险等级;g^* 为划分的风险等级数,此处 $g^*=4$;g_f 为集对相对于风险等级 f 级的联系度。

5.2.7 典型案例分析

5.2.7.1 研究区概况

本书选取冀中煤炭基地的邢台矿区作为研究对象,针对 2018 年该矿区矿井水的水质、水量、处理成本、相关政策等数据对其矿井水利用的风险影响进行评价。

邢台矿区位于邢台市区的西南方，西边依靠着太行山，井田面积为 34 km^2。邢台矿区于 1968 年投产，设计能力为年产 90 万 t，经过地质调查评估总的储量为 5 亿多 t，焦煤占全部煤种的三分之一，煤质好，杂质少、能量高。邢台矿区原水水质较好，比较容易处理，硬度不是很大，不属于高浊度矿井水，重金属含量几乎没有，有一定量的化学需氧量。

5.2.7.2　层次分析法评价模型应用

评价因子的相对权重反映各个参数对地下水污染风险“贡献”的大小。权重越大，表明参数对地下水污染风险的影响越大，该参数在判断地下水污染风险时贡献就越大。确定权重的方法主要有：层次分析法、专家打分法、调查统计法、序列综合法、公式法、数理统计法、复杂度分析法、变异系数法等。层次分析法是目前权重计算最常用的方法之一，被国内外学者在不同领域广泛应用。因此，本书选用层次分析法来确定废弃矿井地下水污染风险评价指标的权重。

根据层次分析法原理，按照两两对比法，结合专家打分结果，构造目标层与指标层的判断矩阵 $\mathbf{A}$：

$$\mathbf{A} = \begin{bmatrix} 1 & 5/7 & 4/3 \\ 7/5 & 1 & 5/3 \\ 3/4 & 3/5 & 1 \end{bmatrix}$$

计算得出一级指标权重 $\boldsymbol{w} = [0.319\,8 \quad 0.431\,1 \quad 0.249\,1]^{\mathrm{T}}$，最大特征值 $\lambda_{\max} = 3.001\,4$，一致性检验指标 $CR = 0.001\,21 < 0.1$，满足要求。

同理，构造二级判断矩阵并进行一致性检验，满足条件后经过归一化处理确定所有评价指标的权重。如表 5-6 所示。

表 5-6　各级指标权重

目标层	目标层权重	一级指标	一级指标权重	二级指标	二级指标权重	综合指标权重
A	1	B_1	0.319 8	C_1	0.294 1	0.094
				C_2	0.201 5	0.064
				C_3	0.247 9	0.079
				C_4	0.256 5	0.082

续表

目标层	目标层权重	一级指标	一级指标权重	二级指标	二级指标权重	综合指标权重
A	1	B_2	0.431 1	C_5	0.207 0	0.089
				C_6	0.172 5	0.075
				C_7	0.178 8	0.077
				C_8	0.236 0	0.102
				C_9	0.205 6	0.089
		B_3	0.249 1	C_{10}	0.365 8	0.091
				C_{11}	0.210 4	0.052
				C_{12}	0.423 8	0.106

根据邢邯矿区矿井水多年统计数据对各评估指标进行赋分。对每个评价指标的赋分方法为：对照表 5-5 的等级划分标准，指标属于高风险等级则分值为 100～85 分，中高风险等级则分值为 85～70 分，中风险等级则分值为 70～55 分，低风险等级则分值为 55～40 分。对邢邯地区 7 个矿区的各个指标进行赋分。结果见表 5-7。

表 5-7　7 个矿区的各指标数值、赋分及综合指数值

指标	矿区						
	邢台	章村	显德汪	葛泉	邢东	东庞	西庞
矿井涌水量变化率 C_1	6.14%	16.6%	27.7%	5.26%	36%	5.14%	35.4%
赋分值	49.21	64.9	81.55	47.89	94	47.71	93.1
矿井水潜力量占比 C_2	65%	45%	64.3%	58.3%	55%	56%	76%
赋分值	75	95	75.7	81.7	85	86	64
用户需水量变化率 C_3	15.4%	18%	10%	2.6%	8.3%	3.3%	13.75%
赋分值	86.2	94	70	47.8	64.9	49.9	81.25
供水保证率 C_4	97	98	99	96	97	97	98
赋分值	49	46	43	52	49	49	46
悬浮物含量 C_5	17	13	263	64	92	760	31
赋分值	45.1	43.9	64.13	55.6	56.8	85.3	49.3
可溶解性固体含量 C_6	550	1 150	1 100	625	2 346	1 613	1 217

续表

指标	矿区						
	邢台	章村	显德汪	葛泉	邢东	东庞	西庞
赋分值	48.25	55.75	55.5	49.375	61.73	58.065	56.085
pH 相对值 C_7	0.8	0.7	0.8	0.7	1.2	1.3	0.5
赋分值	52	50.5	52	50.5	58	59.5	47.5
有毒物质含量 C_8	0.012	0.022	0.010	0.037	0.033	0.038	0.021
赋分值	43.6	46.6	43	51.1	49.9	51.4	46.3
总铁锰含量 C_9	0	16.6	0	0	0	7.016	0
赋分值	40	91.5	40	40	40	70.03	40
处理成本 C_{10}	1.03	1.35	1.24	1.32	1.45	1.63	1.05
赋分值	55.9	65.5	62.2	64.6	68.5	73.6	56.5
利润率 C_{11}	35	18.4	28	22	16	10	34
赋分值	47.5	72.4	58	67	76	85	49
激励政策 C_{12}	1	1	1	1	1	1	1
赋分值	40	40	40	40	40	40	40
WR	51.69	61.22	56.30	52.69	60.65	61.31	55.50

计算结果如表 5-7 所示，对照表 5-5 的风险等级划分标准，邢台、章村、显德汪、葛泉、邢东、东庞和西庞等 7 个矿区的风险评估值分别为 51.69（低风险）、61.22（中风险）、56.30（中风险）、52.69（低风险）、60.65（中风险）、61.31（中风险）、55.50（中风险）。

5.2.7.3　集对分析法评价模型应用

将刑邯地区 7 个矿区矿井水资源利用风险评估 12 个指标组成的集合 $A(C_1, C_2, \cdots, C_{12})$ 与各指标对应的等级划分标准组成的集合 $B(f_1, f_2, f_3, f_4)$ 构成集对 $H(A, B)$。计算其联系度：

$$\mu_c = a_c + b_{c1}i_1 + b_{c2}i_2 + c_c j$$

式中：μ_c 为各指标的联系度；a_c，$b_{c1}i_1$，$b_{c2}i_2$，$c_c j$ 分别为各指标对应风险等级的可能程度。

因此，总联系度 μ 为：

$$\mu = \sum_{c=1}^{12} w_c a_c + \sum_{c=1}^{12} w_c b_{c1} i_1 + \sum_{c=1}^{12} w_c b_{c2} i_2 + \sum_{c=1}^{12} w_c c_c j$$

式中：w_c 为各指标权重。令

$$g_1=\sum_{c=1}^{12}w_c a_c,\ g_2=\sum_{c=1}^{12}w_c b_{c1}i_1,\ g_3=\sum_{c=1}^{12}w_c b_{c2}i_2,\ g_4=\sum_{c=1}^{12}w_c c_c j$$

则

$$\mu=g_1+g_2+g_3+g_4$$

经计算，各矿区联系度结果见表 5-8。

表 5-8　7 个矿区各指标联系度

矿区	C	a_c	$b_{c1}i$	bc_2i	c_cj	矿区	C	a_c	$b_{c1}i$	bc_2i	c_cj
邢台	C_1	1	0	0	0	邢东	C_1	0	0	0.4	0.6
	C_2	0	0.33	0.67	0		C_2	0	0	1	0
	C_3	0	0	0.92	0.08		C_3	0.34	0.66	0	0
	C_4	1	0	0	0		C_4	1	0	0	0
	C_5	1	0	0	0		C_5	0.88	0.12	0	0
	C_6	1	0	0	0		C_6	0.551	0.449	0	0
	C_7	1	0	0	0		C_7	0.8	0.2	0	0
	C_8	1	0	0	0		C_8	1	0	0	0
	C_9	1	0	0	0		C_9	1	0	0	0
	C_{10}	0.94	0.06	0	0		C_{10}	0.10	0.90	0	0
	C_{11}	1	0	0	0		C_{11}	0	0.6	0.4	0
	C_{12}	1	0	0	0		C_{12}	1	0	0	0
矿区	C	a_c	$b_{c1}i$	bc_2i	c_cj	矿区	C	a_c	$b_{c1}i$	bc_2i	c_cj
章村	C_1	0.34	0.66	0	0	东庞	C_1	1	0	0	0
	C_2	0	0	0.333	0.667		C_2	0	0.067	0.933	0
	C_3	0	0	0.4	0.6		C_3	1	0	0	0
	C_4	1	0	0	00		C_4	1	0	0	0
	C_5	1	0	0	0		C_5	0	0	0.8	0.2
	C_6	0.95	0.05	0	0		C_6	0.796	0.204	0	0
	C_7	1	0	0	0		C_7	0.7	0.3	0	0
	C_8	1	0	0	0		C_8	1	0	0	0
	C_9	0	0	0.567	0.433		C_9	0	0.998	0.002	0
	C_{10}	0.30	0.70	0	0		C_{10}	0	0.74	0.26	0
	C_{11}	0	0.84	0.16	0		C_{11}	0	0	1	0
	C_{12}	1	0	0	0		C_{12}	1	0	0	0

续表

矿区	C	a_c	$b_{c1}i$	bc_2i	c_cj	矿区	C	a_c	$b_{c1}i$	bc_2i	c_cj
显德汪	C_1	0	0.23	0.77	0	西庞	C_1	0	0	0.46	0.54
	C_2	0	0.62	0.38	0		C_2	0.4	0.6	0	0
	C_3	0	1	0	0		C_3	0	0.25	0.75	0
	C_4	1	0	0	0		C_4	1	0	0	0
	C_5	0.391	0.609	0	0		C_5	1	0	0	0
	C_6	0.967	0.033	0	0		C_6	0.928	0.072	0	0
	C_7	1	0	0	0		C_7	1	0	0	0
	C_8	1	0	0	0		C_8	1	0	0	0
	C_9	1	0	0	0		C_9	1	0	0	0
	C_{10}	0.52	0.48	0	0		C_{10}	0.9	0.1	0	0
	C_{11}	0.8	0.2	0	0		C_{11}	1	0	0	0
	C_{12}	1	0	0	0		C_{12}	1	0	0	0
矿区	C	a_c	$b_{c1}i$	bc_2i	c_cj	矿区	C	a_c	$b_{c1}i$	bc_2i	c_cj
葛泉	C_1	1	0	0	0	葛泉	C_7	1	0	0	0
	C_2	0	0.22	0.78	0		C_8	1	0	0	0
	C_3	1	0	0	0		C_9	1	0	0	0
	C_4	1	0	0	0		C_{10}	0.36	0.64	0	0
	C_5	0.96	0.04	0	0		C_{11}	0.20	0.80	0	0
	C_6	1	0	0	0		C_{12}	1	0	0	0

采用置信度准则对各矿区矿井水资源利用风险等级进行评估。设 h 为评估等级；设 λ 为置信度，一般取值为[0.5，0.7]，值越大，表示评价结果越稳定。本书选取置信度 $\lambda=0.7$，采用逆向型等级标准，有：

$$h=\left\{f^{*}\,\middle|\,\sum_{f=1}^{g^{*}} g_{f}>\lambda,\ 1<f<4\right\}$$

式中：f 为所选的等级，评估等级总数为 4；f^{*} 为满足公式的风险等级。$g_1=0.851>0.7$，所以邢台矿区的矿井水利用风险评估等级为 1 级，即为低风险。经计算，各矿区的 g_1，g_2，g_3，g_4 及最终的风险等级结果见表 5-9。

表 5-9　各矿区 g_1，g_2，g_3，g_4 值及风险评估等级

矿区	邢台	章村	显德汪	葛泉	邢东	东庞	西庞
g_1	0.851	0.587	0.652	0.833	0.596	0.576	0.774
g_2	0.027	0.173	0.251	0.117	0.225	0.199	0.073
g_3	0.116	0.112	0.097	0.050	0.122	0.207	0.102
g_4	0.006	0.128	0	0	0.056	0.018	0.051
h	1	2	2	1	2	2	1

5.2.7.4　评价结果分析

采用层次分析法和集对分析法计算刑邯各矿区矿井水资源利用风险等级，结果见表 5-10。

表 5-10　各矿区矿井水资源利用风险等级评估结果

矿区名称	邢台	章村	显德汪	葛泉	邢东	东庞	西庞
层次分析法	低	中	中	低	中	中	中
集对分析法	低	中	中	低	中	中	低

评估结果显示：邢台、葛泉为低风险，章村、显德汪、刑东以及东庞都为中风险；层次分析法评估西庞矿区为中风险，而集对分析法评估结果为低风险，但从层次分析法得出的西庞矿区的风险综合指数 $WR=55.50$ 来看，与低风险的区间 (40, 55] 接近，两种方法的总体结果基本相同。就各个二级指标评估赋分来分析，两种方法的评估结果也基本一致。

其次，对比矿区实际情况，章村矿区周围交通便利但缺少大型企业，缺少对矿井水资源的需求，矿区经过多年开采后资源接近枯竭，矿井水涌水量减少且不稳定，矿井水铁、锰含量超标且矿井水处理厂处理能力远超矿井水涌水量，使得矿井水处理成本增加。葛泉矿区开采时间较短，目前开采量和涌水量正处于一个较为稳定的时期，且水质较好。葛泉矿区经营机制较为先进与完善，经济效益显著，矿井水处理技术较为先进，处理后的矿井水可满足不同用户的要求，综合影响下矿井水资源利用率较高。

综上，两种方法评估结果基本一致，且评估结果与实际情况相吻合，表明集对分析法应用于矿井水资源利用风险评估是可行的，相比之下集对分析法的评估结果更加符合矿区实际情况。集对分析法相对于层次分析法具有原理可靠、计算过

程精确、计算结果直观稳定的优势。

5.3 矿井水开发利用的风险管控策略

5.3.1 风险管控概述

风险管控是指风险管理者采取各种措施和方法，消灭或减少风险事件发生的各种可能性，一旦风险事件发生则减少其造成的损失。

风险管控是以最小的成本获得最大安全保障的管理活动，其目的首先在于预防风险的发生，其次是当风险发生时可快速反应，通过各种应急手段将损失尽可能地降低。管理者是风险管控的实施人，各种法律法规、规章制度、管理办法、技术措施等是风险管控的手段。

风险管控有 4 种基本方法：风险回避，损失控制，风险转移，风险保留。

(1) 风险回避

风险回避是指管理者有意识地放弃风险行为，完全避免特定的损失风险。简单的风险回避是一种最消极的风险处理办法，因为在放弃风险行为的同时，往往也放弃了潜在的目标收益。所以一般只有在以下情况下才会采用这种方法：a.对风险极端厌恶。b.存在可实现同样目标的其他方案，其风险更低。c.无能力承担该风险，或承担风险得不到足够的补偿。在矿井水的利用过程中，基本不存在风险回避问题，利用废弃的矿井水是水资源节约保护的需求，是保障经济社会维持良性发展的需求，矿井水的利用是水资源优化配置中不可缺少的部分，只能在利用中积极面对风险，合理有效地进行风险管控。

(2) 损失控制

损失控制不是放弃风险，而是制定计划和采取措施降低损失的可能性或者减少实际的损失。控制的阶段包括事前、事中和事后。事前控制主要是为了降低损失的概率，事中和事后的控制主要是为了减少实际发生的损失。矿井水利用的风险管控大多采用损失控制方法，通过制定一系列法律法规、规章制度、管理办法等防止风险的发生，通过不断提高技术手段减少风险发生的概率并在风险发生时及时有效地进行处置，通过完备的应急措施及手段，大概率降低风险发生时的损失。

(3) 风险转移

指通过契约将出让者的风险转移给受让者承担的行为。有时通过风险转移过程可大大降低经济主体的风险程度。风险转移的主要形式是合同和保险。a.合同转移:通过签订合同,可以将部分或全部风险转移给一个或多个其他参与者。b.保险转移:保险是使用最为广泛的风险转移方式,通过投保行为,在风险事件发生时可得到相应的赔偿,有效降低风险带来的损失。矿井水的利用其职责比较明确,矿区及其相应的水处理企业为水资源的出让者,用水户为水资源的受让者,水在生产过程中的风险由出让者承担,水在利用过程中的风险由受让者承担,双方可签订合理合法的转让使用合同,明确相应的责任,确保各自的利益。出让与受让双方均可向保险公司进行投保,在发生生产风险和使用风险时,除了通过各种手段降低风险损失外,亦可从保险中得到相应的赔偿,弥补风险所造成的损失。

(4) 风险保留

即风险的自承担,如果风险发生,管理者将以当时可采取的任何方式应对损失。风险保留包括无计划自留、有计划自我保险。a.无计划自留:不在风险发生前做任何安排,当风险发生后从收益中支付风险损失。当管理者没有意识到风险并认为损失不会发生时,或显著低估与风险有关的最大可能损失时,就会采用无计划保留方式应对风险。一般来说,无计划保留应当谨慎使用,任何风险发生后都将可能产生远高于预计的损失。b.有计划自我保险:指在可能造成损失的风险发生前,通过做出各种安排以确保损失出现后能及时获得补偿。有计划自我保险主要通过建立风险预留基金的方式来实现。风险保留中的有计划自我保险方法适用于矿井水利用的风险管控,建立适当的风险预留基金,抵御风险发生所造成的损失,风险预留基金一般来自矿井水利用的收益。

5.3.2 风险管控程序

实施风险管控,首先要对风险进行识别,提出各风险因子,针对不同因子进行风险的估测与评价,选择匹配的风险管控技术对各风险因子进行管理与控制,降低风险发生的概率,减少风险发生时的损失与破坏。

(1) 风险识别

风险识别是风险管控的第一步,是对所面临的以及潜在的风险加以判断、分类和鉴定风险性质的过程。风险识别可以通过感性认识和经验进行判断,提出风险的可能性;也可通过对各种客观事件、统计资料进行分析、归纳和整理,发现各种风险及产生的损害情况。

（2）风险估测

风险估测是指在风险识别的基础上，通过对所收集的大量资料加以分析，运用概率论和数理统计方法，估计和预测风险发生的概率和损失程度。风险估测的重要性在于不仅使风险管控建立在科学的基础上，而且使风险分析定量化，为选择最佳管控技术提供较可靠的科学依据。

（3）风险评价

风险评价是采用某一个尺度衡量风险的程度，以便确定风险是否需要处理和如何进行处理。

（4）选择风险管控技术

为实现风险管控目标，根据风险评价结果选择最佳的风险管控技术至关重要。处理风险需要人力、设备、资金等投入，而对风险的管理与控制将产生相应的效益，应选择投入产出比较优的风险管控技术。实际中，通常采用几种技术手段优化组合，使其管控效果达到最佳或优良。

风险管控技术分为两大类，控制型技术与财务型技术。控制型技术通过采取各种措施，改变引起意外事故和扩大损失的各种条件，避免、消除和减少风险发生的可能性。财务型技术是对无法控制的风险做出合理的资金安排，减少因随机性的巨大损失发生而引起的财务上的波动，通过财务处理，把风险成本降到最低程度。

（5）风险管控效果评价

风险管控效果评价指对风险管控技术适用性及其收益性情况的分析、检查、修正与评估。

风险管控效益的大小取决于是否能以最小的风险成本取得最大的安全保障。为采取某项管控技术所支付的各项费用与机会成本之和为风险管控成本，保障程度的高低取决于采取了该项管控技术后所减少的直接损失和间接损失之和，若管控成本大于保障程度，则该项管控技术不可取；若后者大于前者，该项技术可取但不一定是最佳的。当有一系列管控措施可供选择时，保障程度与管控成本之比值最大者为最佳管控技术。实际运用中，风险因子与管控技术非单一，可采用相应的数学方法及模型进行优化，选择最合适的管控技术及方法。

5.3.3　风险管控策略

风险管控一般有规避策略、转移策略、减轻策略、接受策略等。

（1）规避策略

某些风险可以通过需求再确认、获取更详细信息、增强沟通、增派专家等方法得以避免。改变项目计划虽然不可能消灭所有的风险，但对具体风险来说有些是可以避免的。例如：缩小项目工作范围以避免某些高风险的活动；采用非最先进但更成熟的技术方案避免可能的风险；选择诚信度更高的服务对象或提供服务方等。

（2）转移策略

不采用任何方式方法消灭或减小风险，而是把风险的影响和责任转嫁给第三方。此策略通常需要给付相应的资金作为第三方承担风险的报酬，应采用合同的形式确定转移结果及报酬。风险转移的例子：为风险投保、制定业绩奖罚条款、要求维护保修承诺等。

（3）减轻策略

采取各种措施及手段降低风险发生的可能性，减轻风险发生后的损失，缩小其影响程度。减轻策略的方法：选择更成熟的技术手段、选择更可靠的对象、采用简便易行的工作流程、完备测试以保证使用过程的顺利、改善或增加项目资源等。

（4）接受策略

面对风险选择不对项目计划做任何改变，有积极与消极两个方面。积极接受：分析风险发生的可能性，制订应急计划，对风险进行严密监控，一旦风险发生时，严格执行应急计划，可大大减少风险发生所导致的损失。消极接受：没有任何规划与计划，一旦风险发生，只能承担一切损失。

5.3.4 风险管控措施

矿井水利用是将矿藏资源开采中废弃的地下水通过适宜的手段转化为可供利用的水资源，优先用于生活、工业、农业、环境等各需水对象，变废为宝，既可缓解水资源短缺的矛盾，又可节约宝贵的水资源，还可保护环境，有利于水资源利用的可持续性。矿井水利用的风险管控目的是合理有效地利用矿井水，防范利用过程中的各种风险，保障用水安全，促进资源利用的良性循环。

根据其特点，矿井水利用风险管控措施通常包括：工程技术措施，管理措施，教育培训措施，应急处置措施等。

（1）工程技术措施

矿井水利用过程涉及很多的设备技术等，如：抽水设备、水处理设备、存储输送设备、水处理技术等。工程技术措施属于风险管控策略中的规避策略、减轻策略。

为防止风险的发生，应选择技术成熟、返修率低的设备，选择口碑较好、售后服务完备的厂家生产出的设备，保障各种设备在使用过程中损坏率较低，且一旦损坏能及时修理，尽快恢复生产。在条件许可时，存放或安装备用设备，以便在设备发生故障时可及时更换新设备，保障矿井水利用的水量满足需求。

水质的处理技术应根据矿井水原水水质、用水对象对水质的要求、经济合理性来确定，在达到相同处理结果的条件下，宜选择方法成熟、操作相对简单、成本较低廉的水处理技术，既可降低技术手段上的风险，保证投资费用合理，又可保障出水的水质达标。

（2）管理措施

防范矿井水利用的风险，管理手段非常重要。工程技术措施可保证设备及技术的先进性与低风险性，而管理措施则是通过一系列的管理手段提前规避风险，消减或消灭矿井水利用过程中各种人为因素造成的风险损失，减轻风险发生后的损失程度。管理措施属风险管控策略中的规避策略、减轻策略。

管理措施主要是针对矿井水利用的各个环节制定相应的管理制度、条例等，并检查其执行过程与执行力度，将风险控制在隐患形成之前，把可能导致的后果限制在可防可控范围之内，提升安全保障能力。

管理措施的确定首先应全面辨识矿井水利用过程中各系统、各环节可能存在的安全风险、危害因素以及重大危险源，并进行分析评估，有针对性地制定相应的管理手段与措施，并保证其得到贯彻执行，防范风险的发生，减轻风险发生造成的损失。

某工作的操作程序、某岗位的工作制度、某设备的使用规范等，均属于风险管控的管理措施。

（3）教育培训措施

教育培训措施的目的是通过普及性的宣传学习，提升公众对矿井水利用重要性的认识，了解其中的风险，理解风险管控的意义，增强主动防范风险的积极性，接受各种管理措施的执行。教育培训措施属风险管控策略中的规避策略、转移策略。

培训教育措施可有多种形式：电视、广播、报纸、杂志等公共媒体的宣传，集中培训，成人再教育，常规学习等。培训教育使得矿井水利用过程中各环节都具备较好的风险防范能力,有效防止风险的发生,在风险发生时能够及时快速地进行反应,降低风险损失。

(4)应急处置措施

应急处置措施指为抗拒突发的灾难事件,尽量将损害降至最低点而事先建立的防范、处理体系和对应措施。矿井水利用过程中,已采取各种措施防范风险事件的发生,但仍可能出现紧急事件,如突发险情、事故等,为应对突发风险事件,需制定应急处置措施,指导对抗突发风险的紧急行动。应急处置措施属风险管控策略中的减轻策略、接受策略。

处理应急突发事件也叫危机管理,危机管理是企业为应对各种危机情景所进行的规划决策、动态调整、化解处理及员工培训等活动过程,其目的在于消除或降低危机所带来的威胁和损失。危机管理是专门的管理科学。企业危机管理的内涵是指企业通过危机监测、危机预警、危机决策和危机处理,达到避免、减少危机产生的危害,总结危机发生、发展的规律,对危机处理科学化、系统化的一种新型管理体系。

应急处置工作原则:统一领导,统一指挥,各司其职,整体作战,发挥优势,保障安全。

矿井水利用过程中,各环节均有可能突发风险事故,应急处置措施的制定很有必要,也非常重要。制定应急处置措施,需对突发风险事件进行分析,根据其发生、发展、损害等可能情况,制定有针对性且可行的处理措施,对可能的突发风险进行监测及预警等,将日常防范与应急处理共同作用,降低甚至消灭突发风险事件所造成的损失。

第六章 矿井水利用保障体系研究

由于矿井水是一种非常规水资源，相对于常规水资源有水量、水质、输送、经济、环境等利用风险，因此，必须要有一整套利用保障体系，包括政策保障措施、经济保障措施、科技保障措施和管理保障措施等，保证矿井水资源的安全、高效利用。

6.1 矿井水利用政策保障措施

矿井水利用政策保障措施包括制定矿井水利用保护的政策法规、矿井水利用有关规划文件、煤炭基地矿井水资源利用发展专项规划以及增加矿井水资源利用的配套措施等。

6.1.1 矿井水利用保护的政策法规

为了加强矿井水的利用，党和国家颁布了一系列相关的政策法规来推动矿井水的利用。

(1) 2019 年《国家节水行动方案》(发改环资规〔2019〕695 号)明确：在缺水地区加强矿井水等非常规水多元、梯级和安全利用，强制推动非常规水纳入水资源统一配置，逐年提高非常规水利用比例，并严格考核。

(2) 2018 年 5 月 18 日至 19 日，全国生态环境保护大会强调：大力推动绿色发展，深入实施大气、水、土壤污染防治，解决突出环境生态问题。

(3) 2017 年 10 月 18 日，十九大报告指出：推进资源全面节约和循环利用，实施国家节水行动，推进绿色发展。

(4) 2017 年 3 月 22 日，《关于加快建设绿色矿山的实施意见》(国土资规〔2017〕4 号)指出：资源合理利用、节能减排、保护生态环境。

(5) 2016 年 11 月，国家能源局《关于煤炭工业"十三五"节能环保与资源综合利用的指导意见》指出：推动矿井水产业化，提高矿井水利用率。加强水资源节约、保护和循环高效利用。煤矿生产、生活用水应优先使用矿井水，条件具备的地区应主要采用矿井水作为第一水源。积极探索矿井水排放量较大的矿区矿井水产业化发展模式，推动矿井水产业化进程。

(6) 2015年5月，中共中央、国务院在《关于加快推进生态文明建设的意见》中指出：积极开发利用再生水、矿井水、空中云水、海水等非常规水源，严控无序调水和人造水景工程，提高水资源安全保障水平。

(7) 2015年4月，国务院在《水污染防治行动计划》中指出：推进矿井水综合利用，煤炭矿区的补充用水、周边地区生产和生态用水应优先使用矿井水，加强选煤废水循环利用。

(8) 2015年4月，国家能源局《煤炭清洁高效利用行动计划(2015—2020年)》中提出：加大煤矸石、煤泥、煤矿瓦斯、矿井水等资源化利用的力度，有条件的矿区实施保水开采或煤水共采，实现矿井突水控制与水资源保护一体化。

(9) 2015年1月，国家能源局等在《关于促进煤炭安全绿色开发和清洁高效利用的意见》中指出：统筹煤炭资源条件、矿山地质环境、水资源承载力和生态环境容量，确定合理的科学产能，将水资源作为煤炭科学产能的约束条件。

(10) 2015年，全国人大修订的《中华人民共和国环境保护法》首次将“保障公众健康”写入总则第一条和明确规定“保护优先”的原则。

(11) 2014年6月，国务院《能源发展战略行动计划(2014—2020年)》规定：依据区域水资源分布特点和生态环境承载能力，严格煤矿环保和安全准入标准，推广充填、保水等绿色开采技术。

(12) 2013年1月23日，国务院《关于印发循环经济发展战略及近期行动计划的通知》(国发〔2013〕5号)提出：鼓励采用保水开采，推动矿井水用于矿区补充水源和周边地区生产、生活和生态用水，矿井水综合利用率达到75%。

(13) 2012年3月，国家发展改革委在《煤炭工业发展“十二五”规划》中对矿井水利用率和地表生态修复提出了明确的指标要求。

(14) 2012年2月，国务院在《关于实行最严格水资源管理制度的意见》(国发〔2012〕3号)中提出要确立水资源开发利用控制红线，确定了具体指标要求，明确指出重大项目建设要与当地水资源条件相适应等。

上述政策法规明确要求：①积极开发利用矿井水。②优先利用矿井水。煤矿生产、生活用水应优先使用矿井水，条件具备的地区应主要采用矿井水作为第一水源。③综合利用矿井水。推进矿井水综合利用，“推动矿井水用于矿区补充水源和周边地区生产、生活和生态用水”。④安全利用矿井水。加强矿井水等非常规水多元、梯级和安全利用。⑤纳入区域水资源统一配置。强制推动将矿井水等非常规水纳入区域水资源统一配置，并且逐年提高非常规水的利用比例。⑥产业化利用矿井水。推动矿井水产业化，提高矿井水利用率。积极探索矿井水排放量较大的矿区矿井水产业化发展模式，推动矿井水产业化进程。

这些政策法规为推动矿井水利用提供了有力保障。

6.1.2　矿井水利用有关规划文件

为了加强矿井水的利用，国家颁布了一系列相关的规划文件，推动矿井水的利用。

(1) 水利部《关于非常规水源纳入水资源统一配置的指导意见》(水资源〔2017〕274 号)要求，将非常规水源纳入水资源统一配置，并且明确了工业用水、生态环境用水、城市杂用水、农业用水等配置领域。并提出了加强规划引导、严格水资源论证和取水许可、强化计划用水管理、推动非常规水源工程建设、实施考核激励等措施。

(2) 水利部《关于进一步加强和规范非常规水源统计工作的通知》(办节约〔2019〕241 号)明确要求，在水资源公报编报、最严格水资源管理制度考核、节约用水领域等相关监督考核和统计工作中，需要统计矿坑水等非常规水源的利用量。要求"统计煤矿等矿产资源开发过程中，直接利用或进行净化处理后利用的露天矿坑水、矿井水或疏干水利用量"。

(3) 国务院《关于全国矿产资源规划(2016—2020 年)的批复》(国函〔2016〕178 号)要求，认真落实党中央、国务院决策部署，牢固树立和贯彻落实创新、协调、绿色、开放、共享的发展理念，以保障资源安全为目标，以提升矿业发展质量和效益为中心，强化资源保护和合理利用，形成节约高效、环境友好、矿地和谐的绿色矿业发展模式。

(4) 国家发展改革委、国家能源局《关于印发煤炭工业发展"十三五"规划的通知》(发改能源〔2016〕2714 号)要求，健全煤炭法律法规、加强煤炭行业监管、加大金融支持力度、强化政策资金保障、做好规划实施管理。同时要求大幅度提高矿井水利用率。

(5) 国家能源局《关于煤炭工业"十三五"节能环保与资源综合利用的指导意见》(2016 年 11 月)要求，推动矿井水产业化，提高矿井水利用率。加强水资源节约、保护和循环高效利用。煤矿生产、生活用水应优先使用矿井水，条件具备的地区应主要采用矿井水作为第一水源。积极探索矿井水排放量较大的矿区矿井水产业化发展模式，推动矿井水产业化进程。

(6) 国家发展改革委《关于新疆大型煤炭基地建设规划的批复》(发改能源〔2014〕387 号)要求，统筹优化水资源配置，加强水利工程建设，实行最严格水资源管理制度，进一步落实基地建设供水水源和水量。要依据生态环境承载能力和水资源支撑条件，合理确定建设项目及规模。建设项目要采用先进节能、节水技术。

(7) 国家发展改革委、国家能源局《矿井水利用发展规划》(发改环资〔2013〕118 号)要求，以提高矿井水利用率为目标，以企业为主体，以市场为导向，以技术创新为动力，坚持统筹规划、因地制宜、统筹兼顾、有效利用的方针，加强政策引导，完善配套政策措施，提高技术装备水平，降低处理成本，促进矿井水净化处理工程建设，推动矿井水利用产业化发展。

上述规划文件明确要求：①将非常规水源纳入水资源统一配置。②对矿井水利用量进行计量。在水资源公报编制、最严格水资源管理制度考核、节约用水领域等相关监督考核和统计工作中，需要统计矿井水等非常规水源的利用量。③推动矿井水利用产业化，提高矿井水利用率。

6.1.3 制定煤炭基地矿井水资源利用发展专项规划

依据国务院《关于全国矿产资源规划(2016—2020 年)的批复》(国函〔2016〕178 号)，国家发展改革委、国家能源局《关于印发煤炭工业发展“十三五”规划的通知》(发改能源〔2016〕2714 号)及国家发展改革委《关于新疆大型煤炭基地建设规划的批复》(发改能源〔2014〕387 号)，“十三五”期间全国已投产和规划建设 162 个煤矿矿区，分布在晋东、晋中、晋北、陕北、黄陇、宁东、神东、新疆、蒙东、冀中、鲁西、河南、两淮和云贵等 14 个大型煤矿基地。14 个大型煤炭基地中，有 8 个面临严峻的水资源供需矛盾。因此要重点关注主要矿区的矿井水资源利用，特别是国家规划建设的大型矿业生产基地尤其是晋陕蒙地区，该地区水资源最为匮乏，而煤炭资源和煤炭基地却最为集中。同时要做好涌水量较大矿区的矿井水资源利用专项规划，如冀中、鲁西、河南、蒙东、云贵基地的矿区，尤其是开滦、峰峰、肥城、新汶、焦作、鹤壁、扎赉诺尔、抚顺、黔北等矿区。通过专项规划确定煤炭基地各矿区矿井涌水总量控制指标和矿井水资源利用指标，核定煤矿矿区所在区域的水功能区纳污能力指标，建立矿井水排放、处理、利用及配置管理技术标准体

系。制定专项规划时要根据矿井水处理后水质、用水户对水质和水量的要求以及矿井水的输配水方式，合理确定矿井水资源利用的规模、用水途径、布局和建设方式。

6.1.4 增加矿井水资源利用的配套措施

由于矿井水资源是非常规水资源，比常规水资源的利用难度大，存在矿井周边的一些下游企业看不上矿井水资源、矿井水资源与下游企业缺少管道连接、利用成本高等问题，因此，矿井水资源的利用是地区性的综合问题，亟须国家政策支持，增加矿井水资源利用的配套措施。一是矿井水资源所在地的水行政主管部门可依据《取水许可和水资源费征收管理条例》的规定限批常规水资源的取水许可额度，迫使下游企业扩大矿井水资源的利用量。二是制定矿井水资源利用企业的水资源费(税)减免政策，对矿井水资源利用的企业可按标准从低征收水资源费(税)，降低矿井水资源的利用成本，激励企业(包括矿井水资源排放企业及其他企业)利用矿井水资源。例如《关于水资源费征收标准有关问题的通知》(发改价格〔2013〕29 号)中规定“采矿排水(疏干排水)应当依法征收水资源费。采矿排水(疏干排水)由本企业回收利用的，其水资源费征收标准可从低征收”。三是利用《国家节水行动方案》(发改环资规〔2019〕695 号)的契机，加强矿井水、再生水、雨水和苦咸水等非常规水多源、梯级和安全利用，将矿井水资源的利用纳入企业考核指标，促使企业扩大矿井水资源的利用量。

6.2 矿井水利用经济保障措施

矿井水利用经济保障措施包括：①减少甚至不征收取用矿井水的水资源费(税)。按照《取水许可和水资源费征收管理条例》的规定，取用矿井水需要征收水资源费(税)，为了激励使用矿井水，可以出台经济措施，减少甚至不征收取用矿井水的水资源费(税)。②提高矿井水排水的税收标准。对于不积极利用矿井水而直接排放的，提高矿井水排水的税收标准，从经济上迫使其增加利用矿井水、减少直接排放。③对矿井水处理设备及耗材购置进行补贴、对土地占用进行补贴，激励其建设矿井水处理设施。④对于积极利用矿井水的企业在税收上进行减税(费)，达到激励其积极利用矿井水的目的。⑤在资金方面加大投入力度。拓宽融资渠道，加大资金投入，推动矿井水资源利用产业化和规模化，这不仅有利于矿井水资源的市场化，而且可以降低矿井水资源的开发利用成本，逐步实现矿井水资源利用的良性循环，提高矿区及周边地区的供水能力，可解决地区水资源短缺和环境污染，充分有效利用矿井水资源。⑥积极采取市场化运作方式。矿井水资源利用产业链模式的建设资金应以企业为主体，对于纳入规划的重点矿井水资源利用项目，国家给予优先支持，同时积极采取市场化运作方式，开拓融资渠道，鼓励社会各界投资矿井水资源利用工程，促进矿井水资源利用的产业化和规模化。

6.3 矿井水利用科技保障措施

为了保障矿井水的安全利用，必须建立健全矿井水处理方面的技术标准，以及矿井水利用的相关标准体系。

矿井水处理技术包括混凝、沉淀、过滤等常规处理技术和超滤、反渗透等深度处理技术。

矿井水利用的相关标准主要有生活饮用水卫生标准、农田灌溉水质标准、工业用水方面的标准、生态环境用水方面的标准等。包括：

- GB/T 19223—2015　煤矿矿井水分类
- GB/T 31392—2015　煤矿矿井水利用技术导则
- GB/T 37758—2019　高矿化度矿井水处理与回用技术导则
- GB/T 37764—2019　酸性矿井水处理与回用技术导则
- GB 3838—2002　地表水环境质量标准
- GB/T 14848—2017　地下水质量标准
- GB 8537—2018　食品安全国家标准饮用天然矿泉水
- GB 5749—2006　生活饮用水卫生标准
- GB 5084—2005　农田灌溉水质标准
- GB 12941—91　景观娱乐用水水质标准
- GB/T 50594—2010　水功能区划分标准
- GB/T 1576—2018　工业锅炉水质
- GB/T 35051—2018　选煤厂洗水闭路循环等级
- GB/T 18920—2002　城市污水再生利用 城市杂用水水质
- GB/T 18921—2019　城市污水再生利用 景观环境用水水质
- GB/T 19923—2005　城市污水再生利用 工业用水标准

- GB 20922—2007 城市污水再生利用 农田灌溉用水水质
- GB 20426—2006 煤炭工业污染物排放标准
- GB 50359—2016 煤炭洗选工程设计规范
- GB 50215—2015 煤炭工业矿井设计规范
- GB 50810—2012 煤炭工业给水排水设计规范
- GB 50383—2016 煤矿井下消防、洒水设计规范
- DZT 0315—2018 煤炭行业绿色矿山建设规范
- SL 747—2016 采矿业建设项目水资源论证导则
- NY 5051—2001 无公害食品 淡水养殖用水水质

为了有效规范地利用矿井水资源，需要健全矿井水资源利用相关标准体系和监督管理体系。

① 研究建立矿井水资源利用的相关标准体系。规范矿井水资源利用工程设计规范和生产工艺过程，建立矿井水资源利用的工艺生产、药剂和产品的质量检查监督体系，使矿井水资源利用规范有序。

② 研究建立矿井水资源利用的监督管理体系。加强矿井水资源的生产过程和产品质量的监督和管理、矿井水资源的监测计量及矿井水资源费的征收管理，坚决杜绝无计量收费、协议收费等事件的发生。同时要鼓励矿井水处理新技术的开发。

6.4 矿井水利用管理保障措施

矿井水管理新思路：矿井水应优先用于采矿企业自身的项目建设及生产，多余部分达标排放。同时，要将矿井水纳入区域水资源系统进行统一配置利用；并且建立采矿企业与用水户的服务平台，加强宣传和日常管理。

6.4.1 矿井水应优先用于采矿企业自身的项目建设及生产

2020 年 10 月 30 日，生态环境部、国家发展改革委、国家能源局联合印发的《关于进一步加强煤炭资源开发环境影响评价管理的通知》调整了矿井水管理思路，明确提出“矿井水应优先用于项目建设及生产，并鼓励多途径利用多余矿井水。可以利用的矿井水未得到合理、充分利用的，不得开采及使用其他地表水和地下水水源作为生产水源，并不得擅自外排。矿井水在充分利用后仍有剩余且确

需外排的，经处理后拟外排的，除应符合相关法律法规政策外，其相关水质因子值还应满足或优于受纳水体环境功能区划规定的地表水环境质量对应值，含盐量不得超过 1 000 mg/L，且不得影响上下游相关河段水功能需求。安装在线自动监测系统，相关环境数据向社会公开，与相关部门联网，接受监督。依法依规做好关闭矿井封井处置，防治老空水等污染”。

因此，矿井水应优先用于采矿企业自身的项目建设及生产，在可以利用的矿井水未得到合理、充分利用的，不得开采及使用其他水源作为生产水源，并不得擅自外排。经处理后拟外排的，其水质应满足或优于受纳水体，且不得影响上下游相关河段水功能需求。并且需要安装在线自动监测系统，相关环境数据向社会公开，接受监督。

6.4.2 将矿井水资源纳入区域水资源系统进行统一配置利用

由于矿井水是矿产开采过程中产生的地下涌水属于非常规水资源，相对于常规水资源，矿井水资源量小且需经过相应的技术工艺处理，主要由矿产部门管理利用，基本没有纳入区域水资源系统进行统一配置利用，严重影响了矿井水资源的利用效率。因此，需要按照水利部《关于非常规水源纳入水资源统一配置的指导意见》(水资源〔2017〕274 号)要求将非常规水源纳入水资源统一配置。同时加强部门之间的协调，特别需要加强矿产部门与水利部门的协调，具体需要做好以下几点：一是根据《中华人民共和国水法》《取水许可和水资源费征收管理条例》等法规文件的要求，采矿企业需要向水行政主管部门申请取水许可证，对矿井水资源进行计量，向水行政主管部门报送矿井水资源量，并缴纳水资源费(税)。二是采矿企业所在地的水行政主管部门需要将矿井水资源利用量，按照水利部《水资源公报编制规程》(GB/T 23598—2009)、《用水统计调查制度(试行)》(国统制〔2020〕9 号)等文件的要求逐级上报，将矿井水资源利用量纳入全国用水统计调查直报系统及水资源公报系统。三是采矿企业所在地的水行政主管部门需要根据当地水资源条件、水资源综合规划方案、产业布局及区域国民经济发展规划，按照国家发展改革委、水利部印发的《国家节水行动方案》(发改环资规〔2019〕695 号)的要求，“强制推动非常规水纳入水资源统一配置，逐年提高非常规水利用比例”，提出包括矿井水资源在内的区域水资源统一配置利用方案，制定矿井水资源利用的具体计划。

6.4.3 建立采矿企业与用水户的服务平台,加强宣传和日常管理

充分发挥行业协会等中介机构的作用,搭建矿井水资源利用的技术交流与协调配合平台,加强矿井水资源利用技术指导、信息服务和经验交流,促进矿井水资源利用的产业发展和技术装备升级。各地方有关部门大力支持矿井水资源外供,减少取用地表水资源和地下水资源,其中协调对外供水的并网、入网和支持管网投融资是最重要的。在条件具备时,构建交易平台。

加大宣传力度,推动公众参与。将矿井水利用纳入节水系列宣传活动,提高公众认知,增强利用矿井水的自觉性。

加强矿井水利用的日常管理。确保处理后的矿井水的水质、水量达到用水户的要求。加强矿井水取(排)水许可管理。按照《取水许可和水资源费征收管理条例》等法规,严格管理矿井水的取用水、排水以及计划用水等。建立矿井水的取水—处理—输送—用户日常管理等方面的规章制度,确保矿井水利用的规范、有序。

第七章　结论与展望

7.1　主要结论

作者对矿井水开发利用现状进行了调研，收集整理了全国 14 个大型煤炭基地的有关资料，开展了矿井水开发利用潜力评价及风险管控研究。主要研究成果如下：

（1）研发了矿井水开发利用潜力评价技术，分析了全国矿井水资源利用潜力。

厘清了煤矿矿井水资源量、矿井水资源可利用量、矿井水资源综合利用潜力等概念，并提出矿井水资源量、可利用量、综合利用潜力计算方法；研发了适用于多矿井水源、面向供需双侧协调的矿井水开发利用潜力评价技术。针对我国各地区矿井水资源情况及利用的基础和条件不同，分析了全国矿井水资源利用潜力。2020 年，矿井水资源可利用量可达 65 亿 m^3，煤矿矿井水资源综合利用潜力约 22.3 亿 m^3。2025 年，煤矿矿井水资源综合利用潜力约 20.3 亿 m^3。2030 年，煤矿矿井水资源综合利用潜力约 17.3 亿 m^3。我国煤矿矿井水资源综合利用潜力较大分布在西南和中南地区，其他地区综合利用潜力有限。

（2）明确了矿井水利用对象，提出了矿井水开发利用产业链模式。

矿井水是宝贵的非常规水资源，已写入《中国节水技术政策大纲》，成为国家指导性战略。根据矿井水处理工艺前沿以及处理后水的使用功能和面向对象，可将矿井水利用分为工业、生活、农业与生态环境等领域。按照空间布局，矿井水利用模式分为矿区内利用模式和矿区外利用模式。提出了矿区外的产业链模式是矿井水综合利用的最佳模式。矿井水利用产业链模式是以市场为导向，以效益为中心，对矿井水实行专业化处理、产业化利用和企业化管理，形成市场牵龙头，龙头带煤矿基地，煤矿基地连矿城的经营方式和园区产业链组织形式。在大量矿井水资源在内部无法消耗的情况下，发挥市场机制的激励作用，拓展利用空间，更好地优化配置矿井水的非常规资源，实现矿区的可持续发展。

(3) 构建了矿井水利用风险评估模型，提出了矿井水利用风险管控策略。

根据矿井水利用的“收集—处理—输送—使用”4 大环节，分析了“生产—水量—水质—经济(成本效益)—环境”等 5 大风险因素，基于煤炭矿井水资源利用供需双侧协调目标，分析了水量变化率对供给侧的风险，需求侧风险则体现在对矿井水水质的要求，而经济(成本效益)因素则对供给方和需求方都产生影响。构建了水量、水质、经济(成本效益)3 个子系统以及 12 个指标的矿井水利用风险评估指标体系，构建了基于 AHP-集对分析法矿井水利用风险评估模型。选取冀中煤炭基地的邢邯地区的 7 个矿区作为典型，采用层次分析法和集对分析法对其进行风险评估；两种方法评估结果基本一致：邢台、葛泉为低风险，章村、显德汪、刑东、东庞以及西庞为中风险；结果表明集对分析法用于矿井水资源利用风险评估具有可行性。水质子系统对风险影响最大，其次为水量，影响最小的为经济子系统。针对分析结果，制定了矿井水利用风险管控的规避策略、转移策略、减轻策略、接受策略等。提出了矿井水利用风险管控的工程技术措施、管理措施、教育培训措施、应急处置措施等，即制定出台矿井水利用激励政策，核算矿井水利用成本，合理确定水价，进一步研发矿井水处理技术，降低矿井水利用风险保障矿井水合理开发利用，提高非常规水资源利用效率。

(4) 建立了矿井水开发利用政策、经济、科技和管理保障体系。

提出国家应给予政策支持，增加矿井水资源利用的配套措施；制定矿井水资源利用企业的水资源费(税)减免政策，对矿井水资源利用的企业可按标准从低征收水资源费(税)，降低矿井水资源的利用成本，激励企业利用矿井水资源；拓宽融资渠道，加大资金投入；采取市场化运作方式，开拓融资渠道，鼓励社会各界投资矿井水资源的利用工程，矿井水资源利用产业链模式的建设资金应以企业为主体，国家给予优先支持；加强矿井水资源利用技术研发、信息服务和经验交流，促进矿井水资源利用的产业发展和技术装备升级；建立健全矿井水资源利用相关标准体系和监督管理体系。

7.2 展望

我国矿井水利用目前处于发展的时期，虽然与发达国家还有差距，但随着研究的逐渐深入及应用越来越广泛，需要总结出一套适合我国国情的矿井水开发利用理论技术体系，构建完整的保障体系。应在以下两个方面做进一步深化：

（1）进一步探索矿井水利用新模式。随着科技发展，通过对不同水质类型的矿井水采取针对性的处理措施，既能降低处理成本，又能达到对其进行资源化利用的目的，矿井水处理应当向着高效率、低成本方向发展。同时，矿井水资源化方式的不断扩展和再利用渠道的深化，也将促进包括矿井水在内的非常规水资源与常规水资源的协同配置技术不断创新，为矿井水综合利用注入新的动力。因此，要推动开发矿井水利用新模式，制定新模式在我国矿井水开发利用中的具体推进方案和总体利用策略。

（2）进一步研究矿井水利用风险管控策略。根据不同煤炭基地的含悬浮物矿井水、高矿化度矿井水、酸性矿井水和特殊污染型矿井水类型，进一步研究分区域、分类型矿井水利用过程中的风险因子，分别提出不同煤炭基地的矿井水利用风险管控策略。

参 考 文 献

[1] 周瑞.浅议煤矿矿井水资源化现状及发展趋势[J].能源与节能,2017(1):94-95.

[2] 郭雷,张硌,高红莉,等.郑州矿区矿井水水质特征及其资源化利用技术[J].煤炭工程,2016(2):72-74.

[3] 陈苏社,黄庆享,薛刚,等.大柳塔煤矿地下水库建设与水资源利用技术[J].煤炭科学技术,2016(8):21-28.

[4] 李硕.煤矿矿井水处理工程问题及对策研究[D].邯郸:河北工程大学,2013.

[5] 李福勤,李硕,何绪文,等.煤矿矿井水处理工程存在的问题及对策[J].中国给水排水,2012,28(2):188-189.

[6] 李建红.煤矿矿井水井下处理就地复用工艺研究[D].邯郸:河北工程大学, 2012.

[7] 郭中权,王守龙,朱留生.煤矿矿井水处理利用实用技术[J].煤炭科学技术,2008(7):3-5.

[8] WANG K,DAVIES E D R.A water resources simulation gaming model for the Invitational Drought Tournament[J].Journal of Environmental Management,2015,25(7):167-183.

[9] YANG G Y,WANG J H,SHAO W W.The Relationship between China's Coal Resource Development and Water Resource[J].Energy Procedia,2015,75(5):2548-2555.

[10] 李福勤,赵桂峰,朱云浩,等.高矿化度矿井水零排放工艺研究[J].煤炭科学技术,46(9):86-91.

[11] 武建军,王健行,李日强.特殊污染矿井水处理研究进展[J].科技情报开发与经济,2010,20(27):177-178+183.

[12] 潘妍妍.潞安矿区矿井水资源化评价研究[D].阜新:辽宁工程技术大学,2010.

[13] 马恩,王刚.地下水除铁除锰技术的研究进展[J].环境保护与循环经济,2008,11(7):36-39.

[14] 王锦.高铁高锰矿井水净化工艺优化研究[D].邯郸:河北工程大学,2009.

[15] 朱留生,周如禄.矿井水净化处理混凝剂投加控制技术[J].煤炭科学技术,2010,38 (1):118-120.

[16] 高杰,周如禄,郑彭生.高浊度矿井水处理中混凝剂投加方式研究[J].煤炭科学技术,2015,43(3):142-145.

[17] 牛光辉,于远成,周如禄,等.矿井水处理技术在姚桥煤矿的应用[J].中国煤炭,2002,28 (7):36-37.

[18] 谭金生,黄昌凤,徐细波,等.矿井水混凝实验研究[J].煤炭与化工,2013,36(2): 54-56.

[19] 何绪文,贾建丽.矿井水处理及资源化的理论与实践[M].北京:煤炭工业出版社,2009,47-48.

[20] 许光泉,王伟宁,李佩全,等.正交混凝试验在矿井水处理设计中的应用[J].地学前缘,2010,17(6):88-93.

[21] 许晓云,王峰.煤矿矿井水处理工程存在的问题及对策[J].中小企业管理与科技,2014(1):188-189.

[22] LOTTERMOSER B G. Characterization,Treatment and Environmental Impact[M].Mine Wastes, 2010.

[23] OLDS W,TSANG D,WEBER P,et al.Nickel and zinc removal from acid mine drainage: roles of sludge surface area and neutralizing agents[J].Journal of Mining, 2013,5.

[24] PEPE H,HIROYUKI U,TOSHIFUMI I, et al.Acid mine drainage treatment through a two-step neutralization ferrite-format ion process in northern Japan: Physical and chemical characterization of the sludge[J].Minerals Engineering,2007, 20(14):1309-1314.

[25] RAFAEL P, JULIO C, DINO Q, et al.Neutralization of acid mine drainage using the final product from CO_2 emissions capture with alk aline paper mill waste[J]. Journal of Hazardous Materials,2010,177(1-3):762-772.

[26] CORTINA J L,LAGRECA I, DE P J, et al.Passive in situremediation of metal polluted water with caustic magnesia: Evidence from column experiments[J]. Environmental Science & Technology,2003,37:1971-1977.

[27] JOHNSON D B,HALLBERG K B.Acid mine drainage remediation options: a review[J]. Sci.Total Environ.,2005,338:3-14.

[28] FLORES R G,ANDERSEN S L E,MAIA L K K,et al.Recovery of iron oxides from acid mine drainage and their application as adsorbent or catalyst[J].Journal of Environmental Management,2012,111:53-60.

[29] NLEYA Y, SIMATE G S, NDLOVU S. Sustainability assessment of the recovery and utilization of acid from acid mine drainage[J]. Journal of Cleaner Production, 2016,113: 17-27.

[30] AKINWEKOMI V, KEFENI K K, MAREE J M, et al. Integrated acid mine drainage treatment using $Mg(OH)_2$ or $Mg(HCO_3)_2$ and $Ca(OH)_2$: Implications for separate removal of metals and sulphate[J].International Journal of Mineral Processing,2016,155: 83-90.

[31] TOLONEN E T, SARPOLA A, HU T, et al. Acid mine drainage treatment using by-products from quicklime manufacturing as neutralization chemicals[J]. Chemosphere, 2014,117:419-424.

[32] LAKOVLEVA E,MAKILA E,SALONEN J,et al.Acid mine drainage (AMD) treatment: Neutralization and toxic elements removal with unmodified and modified limestone[J]. Ecological Engineering,2015,81:30-40.

[33] 蔡昌凤,杨茜,方剑平,等.SRB固态发酵条件优选及动力学方程建立[J].环境工程学报,2014,8(11):4587-4592.

[34] 郭娟.煤矿酸性矿井水处理方法研究[J].能源环境保护,2013,27(2):40-42.

[35] YIM G J,JI S W,CHEONG Y W,et al.The influences of the amount of organic substrate on the performance of pilot-scale passive bioreactors for acid mine drainage treatment[J]. Environ Earth Sci.,2015,73:4717-4727.

[36] RAMLA B,SHERIDAN C.The potential utilisation of indigenous South African grasses for acid mine dra inage remediation[J].Water SA.,2015,41(2):247.

[37] 蔡昌凤,罗亚楠,张亚飞,等.污泥厌氧发酵—硫酸盐还原菌耦合体系产电性能和处理酸性矿井水的研究[J].煤炭学报,2013,38(z2):453-459.

[38] ZHANG M L,WANG H X,HAN X M.Preparation of metal-resistant immobilized sulfate reducing bacteria beads for acid mine drainage treatment[J].Chemosphere,2016,154:215-223.

[39] 徐建平,万海洮.利用活性炭处理酸性矿井废水研究[J].水处理技术,2014,40:57-63.

[40] 万海洮,徐建平,王兆珺. 利用粉煤灰及改性粉煤灰处理酸性矿井水研究[J].水处理技术,2015,41:70-72.

[41] SILVIE H, IVA B, MIROSLAV K.The application of wood ash as a reagent in acid mine drainage treatment[J].Minerals Engineering ,2014,56:109-115.

[42] CUI M C,JANG M,FRED S,et al.Removal of d issolved Zn(II) using coal mine drainage sludge: Implications for acidic waste water treatment [J]. Journal of Environmental Management ,2013,116:107-112.

[43] JEON C S,PARK S W,BAEK K, et al.Application of iron coated zeolites (ICZ) for mine drainage treatment[J]. Korean J. Chem. Eng.,2012,29:1171-1177.

[44] 徐大勇,徐建平,裘秀群,等.多孔生物质混凝土对模拟酸性矿井水的净化实验研究[J].工业水处理,2013,33(5):36-39.

[45] 贾锐鱼,李楠,所芳,等.我国煤矿区污水处理技术研究现状与发展[J].水处理技术,2014,40(9):8-12.

[46] 邵武,宋岩,王彩红.人工湿地处理酸性矿井水的研究[J].环境工程,2011,29(5):45-47.

[47] BUZZI D C, VIEGAS L S, RODRIGUES M A S, et al.Water recovery from acid mine drainage by electrodialysis[J].Minerals Engineering,2013,40:82-89.

[48] MAICANEANU A, BEDELEAN H, ARDELEAN , et al. Hanes and Valea Vinului

(Romania) closed mines Acid Mine Drainages (AMDs) - Actual condition and passive treatment remediation proposal[J].Chemosphere,2013, 93:1400-1405.

[49] 狄军贞,安文博,王明昕,等.UAPB 和 PRB 反应器处理酸性矿井水[J].中国给水排水,2016,32(13):120-124.

[50] PEIRAVI M,MOTE S R,MOHANTY M K,et al. Bioelectrochemical Treatment of Acid Mine Drainage (AMD) from an Abandoned Coal Mine Under Aerobic Condition[J]. Journal of Hazardous Materials,2017,3:45.

[51] BATTY L C,YOUNGER P L.The Use of Waste Materials in the Passive Remediation of Mine Water Polution[J].Surveys in Geophysics,2004,25(1):55-67.

[52] HEDIN R S,WATZLAF G R,NAIM R W. Passive treatment of acid mine drainage with lime stone[J].Journal of Enviormnental Quality,1994,23(6):13-15.

[53] ALLENO P.Waterwise[J].Water and waste treatment,1995,38(3):34-35.

[54] 徐高强,胡冬冬,杨云龙.山西矿井水现状及综合利用途径探讨[J].山西建筑,2008,34(8):200-202.

[55] CHAULYA S K. Water Resource Development Study for a Mining Region[J]. Water Resources Management,2003,17(4):297-316.

[56] 芮素生.煤炭工业的持续发展与环境[M].北京:煤炭工业出版社,1994.

[57] WCED. Sustainable Development and Water Statement on the WCED Report "Our Common Future"[J].Water International,1989.

[58] UNCED. Agenda 21 Chapter 18. In: Earth Summit' 92[M]. London: The Regency Press Corporation,1992.

[59] HOFFMAN C. Environmental regulation of mine waters in the European Union[J]. JAWWA, 2001(10):456-458.

[60] LI B R.Development of management system for mine ventilation and safety information [J].Mining science and safety technology,2002:287-290.

[61] 张林娜.邯郸地区煤矿排水与利用[D].石家庄:河北地质大学,2016.

[62] 王小军,程继军,王利平,等.北方典型钢铁企业非常规水源综合利用与思考[J].中国水利,2018(15):32-35.

[63] 武强,王志强,郭周克,等.矿井水控制、处理、利用、回灌与生态环保五位一体优化结合研究[J].中国煤炭,2010,36(2):109-112.

[64] 张树军,许士国,高尧,等.淮北市采煤沉陷区非常规水资源开发利用研究[J].水电能源科学,2010(7):33-36+123.

[65] 曹志国,李全生,董斌琦.神东矿区煤炭开采水资源保护利用技术与应用[J].煤炭工程,2014,46(10):162-164+168.

[66] 任学勤,程晓博,等.基于“两零循环”的矿井水综合利用技术[J].河北冶金,2019(9):79-82.

[67] 何绪文,张晓航,李福勤,等.煤矿矿井水资源化综合利用体系与技术创新[J].煤炭科学技术,2018,46(9):9-16.

[68] 李福勤,张晨星,孟立.河北南部矿区矿井水处理资源化现状[J].煤炭工程,2017,49(4):59-61.

[69] 尹占娥.城市自然灾害风险评估与实证研究[D].上海:华东师范大学,2009.

[70] 李庭.废弃矿井地下水污染风险评价研究[D].徐州:中国矿业大学,2014.

[71] 罗军刚,解建仓,阮本清.基于熵权的水资源短缺风险模糊综合评价模型及应用[J].水利学报,2008,39(9):1092-1097.

[72] 王宇飞,盖美,耿雅冬.辽宁沿海经济带水资源短缺风险评价[J].地域研究与开发,2013,3(2):96-102.

[73] 刘树峰.吉林省水资源短缺风险等级评价及预测[J].人民长江,2016,47(21):39-40.

[74] 姜秋香,周智美,王子龙,等.基于水土资源耦合的水资源短缺风险评价及优化[J].农业工程学报,2017,12(2):136-143.

[75] 李九一,李丽娟,柳玉梅,等.区域尺度水资源短缺风险评估与决策体系——以京津唐地区为例[J].地理科学进展,2010,29(9):1041-1048.

[76] 张中旺,常国瑞.中线调水后汉江生态经济带水资源短缺风险评价[J].人民长江,2016,47(6):16-21.

[77] 张士锋,孟秀敬,华东,等.海河流域水资源短缺风险研究[J].资源与生态学报:英文版,2011,2(4):362-369.

[78] 高雅玉,张新民,吴玉锋.马莲河流域水资源短缺风险决策应用研究[J].人民黄河,2014,36(10):72-86.

[79] 廖强,张士锋,陈俊旭.北京市水资源短缺风险等级评价与预测[J].资源科学,2013,3(4):12-23.

[80] 阮本清,韩宇平,王浩,等.水资源短缺风险的模糊综合评价[J].水利学报,2005,8(2):23-34.

[81] HAIMES Y Y. Risk-benefit analysis in a multi-objective framework[C]//Risk-benefit analysis in water resources planning and management. Springer, 1981:89-122.

[82] 韩宇平,阮本清.水资源短缺风险经济损失评估研究[J].水利学报,2007,38(10):1253-1257.

[83] 钱龙霞,张韧,王红瑞,等.基于MEP和DEA的水资源短缺风险损失模型及其应用[J].水利学报,2015,46(10):1199-1206.

[84] 韩宇平,阮本清.基于地理信息系统的水资源短缺风险评价[J].灌溉排水学报,2008,27

(1):9-12.
[85] 王琛茜,张玉虎,沈涛.我国水资源短缺风险评估及空间分析[J].首都师范大学学报:自然科学版,2015,36(1):81-87.
[86] 严伏朝,解建仓,秦涛,等.基于信息扩散理论的水资源短缺风险评价[J].西安理工大学学报,2011,27(3):285-289.
[87] 彭晓明,王红瑞,董艳艳,等.水资源稀缺条件下的水资源价值评价模型及其应用[J].自然资源学报,2006,21(4):670-675.
[88] OHISSON L.Water conflicts and social resource scarcity[J].Physics & Chemistry of the Earth Part B Hydrology Oceans & Atmosphere, 2000, 25(3):213-220.
[89] 孙才志,王雪妮.基于 WPI-ESDA 模型的中国水贫困评价及空间关联格局分析[J].资源科学,2011,33(6):1072-1082.
[90] SULLIVAN C.Calculating a water poverty index[J].World development,2002,30(7):1195-1210.
[91] 祝慧娜,袁兴中,梁婕,等.河流水环境污染风险模糊综合评价模型[J].中国环境科学,2011,31(3):516-521.
[92] LI Y, LIU J, CAO Z, et al.Spatial distribution and health risk of heavy metals and polycyclic aromatic hydrocarbons (PAHs) in the water of the Luanhe River Basin, China [J].Environmental monitoring and assessment, 2010,163(1):1-13.
[93] QIN N, HE W, KONG X Z, et al.Ecological risk assessment of polycyclic aromatic hydrocarbons (PAHs) in the water from a large Chinese lake based on multiple indicators [J].Ecological indicators, 2013,24:599-608.
[94] SUNDARAY S K, NAYAK B B, LIN S, et al.Geochemical speciation and risk assessment of heavy metals in the river estuarine sediments—a case study: Mahanadi basin, India[J].Journal of hazardous materials,2011,186(2):1837-1846.
[95] 佘葱葱,赵委托,高小峰,等.电镀厂周边地表水中重金属分布特征及健康风险评价[J].环境科学,2017,38(3):993-1001.
[96] 齐晓宝,吴健,王敏,等.溢油污染滩涂水体中多环芳烃组成分布及风险[J].环境科学与技术,2017,40(3):172-177.
[97] 韩冰,何江涛,陈鸿汉,等.地下水有机污染人体健康风险评价初探[J].地学前缘,2006,13(1):224-229.
[98] 李景红,米高学,袁九毅,等.石化企业地表水环境风险应急设施的环境风险识别[J].环境科学与技术,2008,31(10):148-150.
[99] 丁毅,梁林佐,林冬,等.输油管道水环境风险评估方法构建[J].油气田环境保护,2013,23(6):58-60.

[100] 穆杰.长距离输水工程突发水污染事件风险评价与预警预案研究[D].天津:天津大学,2015.

[101] 李政红,张胜,毕二平,等.某储油库地下水有机污染健康风险评价[J].地球学报,2010,31(2):258-262.

[102] 刘宏,钟琦,张云龙,等.邻水化工园区危险化学品水环境风险评估[J].人民黄河,2013,35(1):45-48.

[103] 武瑶,王春梅,肖伟华,等.哈大齐工业走廊承接产业转移水环境风险评价[J].安全与环境学报,2015,15(6):352-357.

[104] 麻素挺,叶海仁.珊溪库区富营养化灰色聚类评价及防治对策[J].环境科学与技术,2012,35(S1):402-405.

[105] 陈小华,李小平,王菲菲,等.苏南地区湖泊群的富营养化状态比较及指标阈值判定分析[J].生态学报,2014,34(2):390-399.

[106] LIU J, CHEN Q, LI Y, et al.Fuzzy synthetic model for risk assessment on Haihe River basin[J].Ecotoxicology, 2011,20(5):1131-1140.

[107] 张艳军,张云怀,王丽婧,等.三峡库区突发性水环境风险分区应用研究[J].环境科学与技术,2015,38(11):71-75.

[108] 张珂,刘仁志,张志娇,等.流域突发性水污染事故风险评价方法及其应用[J].应用基础与工程科学学报,2014,22(4):675-684.

[109] WU G, XU Z. Prediction of algal blooming using EFDC model: Case study in the Daoxiang Lake[J].Ecological Modelling,2011,222(6):1245-1252.

[110] ZHANG C X, WANG L L, WANG C, et al.Risk Grading of Water Pollution Event with Applying Pollutant Transportation Simulation[J].Applied Mechanics & Materials,2013,419(1): 848-852.

[111] TANG C, YI Y, YANG Z, et al.Water pollution risk simulation and prediction in the main canal of the South-to-North Water Transfer Project[J].Journal of Hydrology,2014,519:2111-2120.

[112] 杨寅群.流域水环境系统模型研究及其应用[D].武汉:武汉大学,2012.

[113] 董志贵.地下水污染风险评价方法研究及软件设计开发[D].哈尔滨:东北农业大学,2008:8-15.

[114] 田裘学.健康风险评价的基本内容与方法[J].甘肃环境研究与监测,1997,10(4): 32-36.

[115] 梁庆香.健康风险评价国内外研究进展[J].中外健康文摘,2011,31:10-13.

[116] 胡二邦,姚仁太,任智强.环境风险评价浅论[J].辐射防护通讯,2004,24(1):20-26.

[117] PRUPPERS M J M, IANSSEN M P M, et al.Accumulation of environmental risks to human health: geographical differences in the Netherlands[J]. Journal of Hazardous

Materials,1998, 61(1): 187-196.

[118] KRISHNAN K, PATERSON J, WILLIAMS D T. Health risk assessment of drinking water contaminants in Canada: the applicability of mixture risk assessment methods[J]. Regulatory Toxicology and Pharmacology,1997,26(3): 179-187.

[119] 闫欣荣,周航,邸涛.城市饮用水源地水质健康风险评价[J].环境科学与管理,2008,33(4):164-166.

[120] 曾光明,卓利,钟政林,等.水环境健康风险模型及其应用[J].水电能源学,1997,15(4):28-32.

[121] 胡春华,周文斌,黄宗兰,等.环鄱阳湖区农村饮用水重金属健康风险评价[J].江西师范大学学报:自然科学版,2010,34(1):102-106.

[122] 田华,马永红,张建江,等.新疆部队饮用水中重金属污染物砷的健康风险评价[J].疾病预防控制通报,2011,26(2):70-72.

[123] 仇付国,王晓昌.城市回用污水中病毒对人体健康风险的评价[J].环境与健康杂志,2003,20(4):197-199.

[124] 孙冬,王玉才,谢春梅.垃圾焚烧烟气中污染物对人体健康风险评价[J].环境卫生工程,2004,12(3):144-166.

[125] B.A.高尔什可夫.煤炭工业企业废水的净化及利用[M].胡益之,徐能任,李伟雄,等译.太原:山西科学教育出版社,1987.

[126] MALA C, PATRICK H, BOLIVAR P, et al. CEPM4: Optimization of the waste management for construction projects using simulation [J]. Winter Simulation Conference,2002(12):1465-1469.

[127] MASARCZYK J, HANSSON C H, SOLOMON R, et al. Advances mine drainage water treatment, engineering for zero discharge[J]. Desalination,1989,75(1-3):259-287.

[128] UMITA T. Biological mine drainage treatment[J]. Resources Conservation & Recycling,1996,16(1):179-188.

[129] DEMERS I, BOUDA M, MBONIMPA M, et al. Valorization of acid mine drainage treatment sludge as remediation component to control acid generation from mine wastes, part 2: field experimentation[J]. Minerals Engineering,2015,76(1):117-125.

[130] BEJAN D, BUNCE N J. Acid mine drainage: electrochemical approaches to prevention and remediation of acidity and toxic metals[J]. Journal of Applied Electrochemistry,2015,45(12):1239-1254.

[131] KASTYUCHIK A, KARAM A, AIDER M. Effectiveness of alkaline amendments in acid mine drainage remediation[J]. Environmental Technology & Innovation,2016,6:49-59.

[132] JONES S N, CETIN B. Evaluation of waste materials for acid mine drainage remediation

[J].Fuel,2017,188:294-309.

[133] SINGER P C.Acidic Mine Drainage The Rate Determing Step[J].Science,1970,35(167):1121-1123.

[134] NARIYAN E, SILLANP M, WOLKERSDORFER C. Electrocoagulation treatment of mine water from the deepest working European metal mine-performance, isotherm and kinetic studies[J].Separation and Purification Technology,2017,177(4):363-373.

[135] 武强.我国矿井水防控与资源化利用的研究进展、问题和展望[J].煤炭学报,2014,39(5):795-805.

[136] 彭苏萍,张博,王佟,等.煤炭资源与水资源[M].北京:科学出版社,2014.

[137] 王祥红,钱雪锋,季勇.鲁西煤矿矿井涌水量预测及排水能力分析[J].煤矿现代化,2018(2):45-47.

[138] 梁永生.煤矿矿井水的处理与综合利用[J].山西科技,2018,33(3):84-86.

[139] 马立新,王勇,吴丽,等.煤矿矿井水处理工艺与效益分析[J].能源与环保,2017,39(9):61-65.

[140] 谭金生,黄昌风,郭中权.邢台矿区矿井水处理技术及利用模式[J].河北煤炭,2013(1):5-7.

[141] 何绪文,杨静,邵立南,等.我国矿井水资源化利用存在的问题与解决对策[J].煤炭学报,2008,33(1):63-66.

[142] 苗立永,王文娟.高矿化度矿井水处理及分质资源化综合利用途径的探讨[J].煤炭工程,2017,49(3):26-28+31.

[143] 顾大钊,张勇,蕾志国.我国煤炭开采水资源保护利用技术研究进展[J].煤炭科学技术,2016,44(01):1-7.

[144] 陈佩佩.西北矿区供水现状及矿井水综合利用研究[J].煤矿开采,2017,22(5):60-63.

[145] 王奋力.矿井水综合利用技术应用研究[J].能源与节能,2017(5):134-135.

[146] 崔振华,郭丽君.煤矿矿坑涌水可利用量及资源化利用[J].水利科技与经济,2015,21(1):63-64.

[147] 张栓亮.矿井水资源可持续利用与处理技术研究[J].中国科技纵横,2016(17):170.

[148] 朱有彬,朱林,刘文岗,等.矿井水循环利用研究与实践[J].中州煤炭,2016(11):151-155.

[149] 翟文,马昆,任予鑫.梅花井煤矿矿井水管理及其复用模式探索[J].价值工程,2016,35(30):16-17.

[150] 阎官法,郭雷.郑州市矿井水资源利用模式研究[J].地域研究与开发,2015,34(3):148-150.

[151] 张军,肖艳,刘美娜.煤矿水资源综合利用模式探讨[J].能源环境保护,2015,29(6):

36-39.

[152] 杨方亮.煤炭矿区资源综合利用现状与前景分析[J].煤炭加工与综合利用,2018(9):69-73.

[153] 贾玉州,李南骏.矿井水处理及其资源化利用[J].技术与市场,2018,25(10):125-126.

[154] 袁航,石辉.矿井水资源利用的研究进展与展望[J].水资源与水工程学报,2008,19(5):50-57.

[155] ANAWAR H M.Sustainable rehabilitation of mining waste and acid mine drainage using geochemistry, mine type, mineralogy,texture,ore extraction and climate knowledge[J]. Journal of Environmental Management,2015:158.

[156] USTER B,TRUMM D,POPE J,et al.Waste mussel shells to treat acid mine drainage:A New Zealand Initiative[J].Reclamation Matters,2014:23-27.

[157] 武强,孙文洁,董东林,等.废弃矿井水资源开发利用战略研究[M].北京:科学出版社,2020.

[158] 孙亚军,陈歌,徐智敏,等.我国煤矿区水环境现状及矿井水处理利用研究进展[J].煤炭学报,2020,45(1):304-316.

[159] 邵立南,杨晓松.我国煤矿矿井水处理用于生活用水的现状和建议[J].中国矿业,2019,28(S1):376-378.

[160] 崔丙健,高峰,胡超,等.非常规水资源农业利用现状及研究进展[J].灌溉排水学报,2019,38(7):60-68.